»Die wichtigste ›Charaktereigenschaft‹, die ein Hundehalter braucht, ist Souveränität. Das wichtigste Gefühl: **Intuition**.«

José Arce

JOSÉ ARCE

JOSÉ ARCE'S WELPENBUCH

Ein gutes Team von Anfang an –
erziehen mit Bauchgefühl

QUALITÄTS G|U GARANTIE

DIE GU-QUALITÄTS-GARANTIE

Wir möchten Ihnen mit den Informationen und Anregungen in diesem Buch das Leben erleichtern und Sie inspirieren, Neues auszuprobieren. Bei jedem unserer Produkte achten wir auf Aktualität und stellen höchste Ansprüche an Inhalt, Optik und Ausstattung. Alle Informationen werden von unseren Autoren und unserer Fachredaktion sorgfältig ausgewählt und mehrfach geprüft. Deshalb bieten wir Ihnen eine 100%ige Qualitätsgarantie.

Darauf können Sie sich verlassen:
Wir legen Wert auf artgerechte Tierhaltung und stellen das Wohl des Tieres an erste Stelle. Wir garantieren, dass:

- alle Anleitungen und Tipps von Experten in der Praxis geprüft und
- durch klar verständliche Texte und Illustrationen einfach umsetzbar sind.

Wir möchten für Sie immer besser werden:
Sollten wir mit diesem Buch Ihre Erwartungen nicht erfüllen, lassen Sie es uns bitte wissen! Wir tauschen Ihr Buch jederzeit gegen ein gleichwertiges zum gleichen oder ähnlichen Thema um. Nehmen Sie einfach Kontakt zu unserem Leserservice auf. Die Kontaktdaten unseres Leserservice finden Sie am Ende dieses Buches.

GRÄFE UND UNZER VERLAG
Der erste Ratgeberverlag – seit 1722.

VOM ERSTEN TAG AN EIN TOLLES TEAM

Wenn ein Welpe ins Haus kommt, will man natürlich alles richtig machen, damit Zwei- und Vierbeiner zu einem tollen Team zusammenwachsen. Dabei hilft es sehr, wenn Sie sich schon vorher über ein paar Dinge im Klaren sind.

EIN PAAR GEDANKEN VORAB

Sie wünschen sich einen Welpen? Wie schön! Die Verantwortung für so ein kleines Lebewesen zu tragen ist etwas ganz Besonderes!

Herzlichen Glückwunsch, Sie haben sich für einen Welpen entschieden und wollen das Zusammenleben aktiv in die Hand nehmen. Es ist ein sehr schönes Erlebnis, einen jungen Hund von Anfang an in seiner Entwicklung zu begleiten und gemeinsam mit ihm die Welt zu entdecken. Als ich vor ein paar Jahren mein eigenes Doggenrudel großgezogen habe, durfte ich sogar von der ersten Minute an dabei sein. Seitdem weiß ich noch mehr, wie stark die ersten Wochen und Monate einen Hund für immer prägen können. Aber auch, wie sehr sie einen selbst verändern. Zum Positiven. Denn Hunde, und noch mehr Welpen, halten uns einen Spiegel vor und zeigen uns, wer und wie wir wirklich sind. Für ein paar Seiten in diesem Buch habe ich in meinem persönlichen Fotoalbum geblättert und die schönsten Bilder meiner Doggen herausgesucht. Um Sie an diesem wunderbaren Erlebnis teilhaben zu lassen. Die beiden Weimaranerwelpen in diesem Buch sind übrigens auch meine. Betty und Elly sind diesen Winter bei mir eingezogen. Und sie sind einfach großartig!

Natürlich freue ich mich über jeden, der einen erwachsenen Hund aus dem Tierheim aufnimmt und ihm ein neues Zuhause gibt. Schließlich hat kein Hund es verdient, abgeschoben zu werden wie ein unpassendes Möbelstück, nur weil irgendetwas nicht so funktioniert, wie es sich sein Besitzer vorgestellt hat. Aber Sie haben sich nun für einen Welpen entschieden, und das ist doch etwas Einzigartiges: Man nimmt ein Lebewesen zu sich, das man bis an sein Lebensende begleiten wird. Mit dem man von klein auf eine intensive Beziehung aufbauen kann. Das, wenn es aus einer verantwortungsvollen Zucht, einer liebevollen Pflege oder einem guten Tierheim kommt, noch ganz »unverfälscht« ist, weil in seinem Leben bisher nichts schiefgelaufen ist. Weshalb man einfach so weiter- und alles richtig machen kann. Und das Beste daran: Das ist gar nicht schwer!

Kann ich überhaupt einen Hund halten?

Natürlich sollte die Entscheidung für einen Welpen gut überlegt sein – genauso wie für ein erwachsenes Tier. Schließlich wollen (und müssen) Sie damit die Verantwortung für ein Lebewesen übernehmen – und das hoffentlich für viele, viele Jahre. Ein Hund

Einem Hund ist egal, wo er wohnt. Man muss ihm nur zeigen, wie die Welt um ihn herum »funktioniert«.

wird Sie eine Menge Zeit kosten – und, nicht nur wenn Sie einen teuren Rassewelpen kaufen, auch eine Menge Geld. Futter, Versicherung, Steuer, Tierarzt: All das kostet, und die Ausgaben nehmen mit den Jahren nicht ab. Aber mal abgesehen davon gibt es eine Frage, die sich die meisten Hundebesitzer in spe als Erstes stellen: Passt ein Hund überhaupt in mein Leben? Viel Arbeit, ein anspruchsvoller Job, für den man oft unterwegs ist, ein kleines Kind, eine Wohnung in der Stadt: Es scheint viele unterschiedliche Hürden zu geben, die es schwer machen, sich ein Leben mit Hund vorzustellen.
Dabei gilt es doch eigentlich nur eins zu klären – allerdings ist dieser Punkt entscheidend dafür, dass sich der Hund bei Ihnen wohlfühlt und überhaupt eine gute Mensch-Hund-Beziehung wachsen kann: Sind Sie bereit, sich die Zeit zu nehmen, die ein Hund braucht? Wobei ich hier gleich mal einwenden will: Es ist ja in den allerseltensten Fällen so, dass wir tatsächlich zu wenig Zeit haben. Vielmehr ist das Ganze eine Frage der Priorität. Wir müssen uns entscheiden, welchen Dingen wir mehr Zeit widmen wollen und für die wir uns auch entsprechend mehr Zeit nehmen, und was uns weniger wichtig ist. Dafür wollen wir natürlich möglichst wenig Zeit »verschwenden«.

WAS IST IHNEN WICHTIG?

Wenn Sie zum Beispiel ein kleines Kind haben, kann es sein, dass Sie die Stunden, in denen es schläft oder von einer anderen Person betreut wird, lieber für sich selbst nutzen wollen. Wenn Sie einen Hund haben, kann es sein, dass Sie sich auch in diesen kostbaren Minuten und Stunden »angebunden« fühlen, weil sie weiterhin die Verantwortung für jemanden übernehmen müssen und nicht einfach das tun können, worauf Sie gerade Lust haben. Ein Hund braucht Sie, nicht nur im Welpenalter. Stört Sie das nicht, spricht auch nichts dagegen, dass die Familie weiter anwächst. Denn Kinder an sich sind kein Hindernisgrund, einen Hund zu halten.

Dasselbe gilt, wenn Sie einen anstrengenden Beruf ausüben. Ist es für Sie in Ordnung, die knappe Freizeit nicht ausschließlich auf dem Sofa oder beim Ausgehen zu verbringen? Natürlich müssen in diesem Fall auch noch ein paar andere Dinge geklärt werden: Besteht die Möglichkeit, den Hund in die Arbeit mitzunehmen? Wenn nicht, wer passt tagsüber auf ihn auf? Denn Hunde können zwar, wenn man es ihnen richtig beigebracht hat, durchaus einige Stunden am Tag allein zu Hause bleiben, ohne dass sie darunter leiden. Aber sie wollen das nicht 24 Stunden rund um die Uhr. Da nützt es auch nichts, wenn zwischendurch mal jemand vorbeischauen würde, um sie zu füttern, oder sie den ganzen Tag in einem großen Garten bleiben könnten. Hunde wollen mit »ihrem« Menschen zusammen sein und das Leben mit ihm teilen. Und ganz ehrlich: Wenn man sich einen Hund wünscht, will man das ja irgendwie auch selbst. Oder nicht?

Sie leben in der Stadt? Auch das ist kein Hindernis. Ich kenne sehr, sehr viele Hunde, die dort glücklich und artgerecht leben und die selbst im größten Verkehrschaos die Ruhe weghaben. Was, wenn ich schon mal vorweggreifen darf, weder an der Rasse oder

»Sicher, ein Leben mit Hund ist anders als ein Leben ohne Hund. Aber genau das ist ja auch das Schöne daran.«

Natürlich können sich Welpen auch mal allein beschäftigen. Am liebsten sind sie aber bei ihrem Menschen.

am Alter liegt, sondern an ihrem Halter. Wenn der ruhig und gelassen ist, ist es der Vierbeiner nämlich genauso.
Klar, wenn Sie in der Stadt leben, müssen Sie möglicherweise etwas länger spazieren gehen, einfach weil es oft länger dauert, bis man ein Plätzchen findet, wo man den Hund auch mal ohne Leine sicher laufen lassen oder gemeinsam spielen und herumtoben kann. Aber damit hier kein falscher Eindruck entsteht: Auch wenn Sie einen Garten haben, müssen Sie jeden Tag mit Ihrem Hund spazieren gehen. Es ist vielleicht ein bisschen entspannter, dass der Welpe stubenrein wird, weil man nicht jedes Mal zum nächsten Grünstreifen sausen muss, wenn er sich »meldet«, sondern nur die Terrassentür zu öffnen braucht. Das Gassigehen jedoch ersetzt ein Garten niemals. Denn mit dem Alleinsein im Garten ist es nicht anders als mit dem Alleinsein zu Hause: Eine gewisse Zeit ist es okay, aber dann reicht es eben auch. Ihr Hund will schließlich etwas erleben und neue Sachen entdecken – und zwar gemeinsam mit Ihnen. Nur wenn er sich als Teil Ihrer Familie fühlt, ist er glücklich und ausgeglichen. Ihn nur eben mal in den Garten rauszulassen ist niemals ein Ersatz für Nähe und Beschäftigung.

KEINE KOMPROMISSE!

Hunde sind von Natur aus wahre Meister im Zusammenleben. Sie können sich beinahe allen Lebensverhältnissen anpassen und dennoch ausgeglichen, erfüllt und glücklich sein. Alles, was Sie dazu tun müssen, ist für Ihren Vierbeiner da zu sein. Und deshalb müssen Sie sich zuallererst einmal bewusst werden, wie Sie leben und sich dann überlegen, ob Sie (und nur Sie!) es gut finden, wenn und auf welche Weise sich ein Hund daran anpassen müsste und ob das in Ihren Augen gut für ihn wäre. Man darf sich selbst nicht schlecht fühlen, weil man morgens zum Beispiel erst mal 20 Minuten bis zum Park braucht, der Hund vormittags zu Hause bleiben soll oder tagsüber von jemand anderem betreut wird. Was zählt ist die Zeit, die Sie sich für ihn nehmen, um ihm beizubringen, was er in Ihren Augen können muss. Und die Zeit, die Sie gemeinsam verbringen. Als Team! Die Zeit, in der Ihr Hund merkt: Hier gehöre ich hin. Das ist mein Mensch! Das ist meine Familie! Nicht nur als Welpe, sondern sein ganzes Leben lang.
Es kommt also auf die innere Einstellung an. Wenn Sie sich dabei gut fühlen, wird es Ihr Hund auch tun. Wenn Sie glücklich sind, ist er auch glücklich, egal wo und wie Sie leben. Auch schon als Welpe!

Und welcher Hund passt zu mir?

Keine Frage: Welpen sind einfach supersüß, und ich kenne eigentlich niemanden, der nicht sofort sein Herz an sie verlieren würde. Mich eingeschlossen. Aber auch wenn es schwer ist, sollte man sich bei der Auswahl eines Welpen nicht nur von seinen Gefühlen leiten lassen. Manchmal kommt man zwar auch zum Hund wie die sprichwörtliche Jungfrau zum Kind. Ich selbst habe zum Beispiel tatsächlich schon einmal einen

So süß Welpen sind: Man sollte mit klarem Kopf überlegen, welcher Hundetyp am besten zu einem passt.

winzigen Welpen in der Mülltonne gefunden. Und natürlich behalten. Aber das sind Extremfälle. Normalerweise werden vor der ersten Begegnung Hundebücher gewälzt, Internetseiten verglichen und viele, viele Bekannte oder andere Hundehalter auf Herz und Nieren befragt. Schließlich will man ja erst mal herausfinden, welcher Hund zu einem passen würde beziehungsweise ob der Hund, der einem rein optisch gefällt, auch den Charakter hat, den man sich wünscht. Ob er zum Beispiel kinderlieb ist oder besonders viel Auslauf braucht. Und dann ist da noch die Frage, ob der neue Hausgenosse eher klein oder groß sein soll, eher langes oder kurzes Fell haben soll … Sie wissen, was ich meine.

Ganz die Mama! Bei Rassehunden ist es etwas leichter, im Vorfeld Prognosen über den Charakter abzugeben.

RASSEHUNDE

Ein bisschen leichter lassen sich solche Dinge klären, wenn Sie sich für einen Rassewelpen entschieden haben. Bei diesen Hunden haben Züchter über Jahrzehnte, manchmal sogar bereits über Jahrhunderte selektiert und zielgerichtet immer nur mit jenen Tieren weitergezüchtet, die ihrem Ideal am nächsten kamen. Daher können Sie bei einem Rassehund mit ziemlich großer Wahrscheinlichkeit sicher sein, was er mitbringen wird – und zwar nicht nur was das Aussehen und die genetische Ausstattung betrifft. Auch sein Verhalten und sein Charakter lassen sich recht gut einschätzen. Das macht es leichter, wenn man weiß, wie man lebt und was man sich wünscht.
Es wird immer Rassen geben, die sich daran besser anpassen als andere. Wenn Sie es von Anfang richtig machen, vom ersten Tag an die Verantwortung übernehmen und dem Welpen zeigen, wie das Leben an Ihrer Seite funktionieren wird, ist es im Grunde jedoch egal, welche Rasse Sie wählen. Zwar besteht bei den »arbeitsintensiven« Rassen immer ein bisschen die Gefahr, sich zu überfordern. Aber auch bei einer »einfachen« Rasse entwickelt sich der Welpe nicht von allein zu dem Hund, von dem Sie träumen. Trotzdem: Wenn Sie bei der Entscheidung für oder gegen eine bestimmte Rasse sorgfältig auswählen und Ihre individuelle Lebenssituation

berücksichtigen, verlangt der Hund unter Umständen nicht ganz so viel, wie es ein anderer tun würde.

Wenn Sie bisher nur wissen, dass Sie gern einen Hund möchten, aber noch gar nicht darüber nachgedacht haben, welcher es sein könnte, sollten Sie sich als Erstes überlegen, was Sie eigentlich mit ihm machen wollen: Jagdhunde wie mein Galgo zum Beispiel rennen sehr gerne (und sind, wenn sie die Möglichkeit dazu nicht haben, nie richtig ausgelastet und entspannt). Wenn Sie also einen Hund suchen, der Sie beim Sport begleitet, könnte so eine Rasse vielleicht die richtige für Sie sein. Denn egal wo und wann er lebt, tut auch heute noch jeder Hund gern das, für das er ursprünglich einmal gezüchtet wurde. Wenn Sie selbst nur draußen richtig aufblühen und am liebsten in jede Pfütze springen würden, sind vielleicht ein Retriever oder ein Spaniel perfekt. Vorausgesetzt, es macht Ihnen auch nichts aus, wenn Ihr Auto oder Ihr Flur danach unter Umständen entsprechend aussehen – auch das gehört zur schon genannten »Analyse« der Lebensumstände und persönlichen Vorlieben. Wenn Sie Kinder haben und sich der Vierbeiner eher wie ein weiterer »Nachwuchs« der Familie anpassen soll, sind wieder andere »Qualitäten« wichtig. Hier würde ich zum Beispiel empfehlen, bei geselligeren Rassen weiterzuschauen, die eher nicht als Einzelgänger gelten.

Was Spaß macht, ist zu einem gewissen Grad angeboren. Das sollte man bei der Auswahl berücksichtigen.

Elly (auf meinem Arm) und Betty lernen nicht nur von mir, sondern auch von meinen »großen« Hunden.

Großer oder kleiner Hund?

Von diesen Überlegungen ausgehend lässt sich der Kreis derjenigen Rassen, die für Sie infrage kommen, schon mal deutlich enger fassen. Als Nächstes können Sie dann überlegen, ob Sie lieber einen großen Hund wollen oder einen kleinen und ob er lieber ein kurzes Fell haben sollte oder längeres Haar. Vergessen Sie gerade beim Fell nicht, dass die Pflege kurzhaariger Rassen deutlich weniger Zeit in Anspruch nimmt, und der Hund in der Regel auch weniger Schmutz in die Wohnung trägt. Wie wichtig sind Ihnen solche Sachen?

Aber noch mal zurück zu groß oder klein: Die Frage, ob Hundewinzling, Riese oder irgendwas dazwischen ist tatsächlich viel wichtiger als manche denken. Nicht deswegen, weil man befürchtet, eventuell nicht den Platz für einen großen Hund zu haben. Ich kenne genug Großstadtdoggen, die sich im City-Appartement ihres Besitzers pudelwohl

KLEINES KIND, KLEINER HUND?

Nicht unbedingt! Ein guter Familienhund zeichnet sich in erster Linie dadurch aus, dass er relativ entspannt ist und nicht bei jeder Kleinigkeit die Nerven verliert. Gerade einige der Minirassen gelten jedoch tendenziell als eher nervös. Das heißt, sie sind schnell erregt und reagieren dann auch mal auf eine für uns Menschen unangemessene Art. Genauso kann ein quirliger Treibauf wie ein Terrier sich schnell hochpushen, wenn es um ihn herum wild hergeht. Auch das kann ins Auge gehen. Meiner Meinung nach kann zwar jeder Hund ein vollwertiges Familienmitglied sein und dem eigenen Nachwuchs ein treuer Freund werden. Es gibt aber tatsächlich Charaktereigenschaften, die das Ganze etwas leichter machen. Ein ausgeprägter Hüte- oder Wachinstinkt zum Beispiel kann nach hinten losgehen, wenn der Vierbeiner die Kinder und ihre Freunde beim Fangenspielen »einfach mal so« in die Waden zwickt oder es mit dem Beschützen »übertreibt«.

Trotzdem bin ich überzeugt, dass jeder Hund, egal welcher Rasse und egal ob er überhaupt ein Rassehund ist oder ein Mischling, ein großartiger Familienhund sein kann. Vorausgesetzt, man geht gut mit ihm um. Als Eltern sollten Sie sich aber informieren, welche Charaktereigenschaften sich am besten mit dem eigenen Leben und den eigenen Gewohnheiten vereinbaren lassen.

Doch selbst wenn eine Rasse noch so sehr als Familienhund und kinderlieb gilt: Der Nachwuchs sollte die Bedürfnisse des Vierbeiners ebenso kennen und beachten wie seine Eltern. Das sind wir unseren Vierbeinern schuldig. Auch diesbezüglich sind sehr kleine Hunde oft im Nachteil. Sie werden von Kindern nicht als »echte« Tiere angesehen. Es fällt ihnen daher noch schwerer, sie artgerecht zu behandeln – umso mehr, je jünger die Kids selbst sind.

Ein Bobtail ist in Sachen Fellpflege ein ganz anderes Kaliber als meine Doggen. Das muss man mögen.

fühlen. Eher sollten Sie sich da schon mit dem Gedanken tragen, in welchem Stock Sie wohnen, ob es einen Aufzug gibt oder nicht. Denn Ihr Hund wird leider nicht immer munter und agil bleiben. Mancher Hundesenior tut sich schwer, Treppen zu steigen. Ein kleines (und leichtes) Tier lässt sich dann auch mal tragen. Das macht es einfacher.

Und dann sind da noch ein paar Fragen, zum Beispiel die, ob der Hund, wenn er ausgewachsen ist, in Ihr Auto passt (die wenigsten Menschen wollen sich schließlich mit dem Hund auch gleich noch ein neues Fahrzeug zulegen). Oder die: Manche Arbeitgeber erlauben zwar, dass man seinen Hund mit ins Büro nimmt. Aber nur, wenn er eine gewisse

Größe nicht überschreitet. Außerdem ist es ganz einfach so, dass ein kleinerer Hund auch weniger kostet. Der Preis für eine Rassewelpe ist zwar in etwa immer gleich hoch, egal ob es sich um einen Mops, einen Beagle, einen Pudel, einen Pointer, einen Rottweiler oder einen Irischen Wolfshund handelt. Aber mit dem Welpen selbst hört es ja nicht auf. Futter, Entwurmen, eventuell nötige Medikamente: Das alles kostet und da bei einem größeren Hund von allem größere Mengen nötig sind, wird es ganz automatisch teurer. Und dann gibt es in meinen Augen noch ein weiteres wichtiges Auswahlkriterium, wenn Sie mit einem extrem großen und kleinen Hund liebäugeln: Stört es Sie, wenn Sie auf der Straße von Fremden angesprochen werden? »Wie bitte?«, werden Sie jetzt vielleicht denken. »Was soll das denn jetzt?« Aber glauben Sie mir: Wenn Sie mit einem Hunderiesen oder einem minikleinen Hund unterwegs sind, wird man Sie bei jedem Gassigehen mindestens einmal darauf ansprechen. Mindestens! Und das ist einfach nicht jedermanns Sache. Wer gern seine Ruhe hat, ist mit einem Hund mittlerer Größe diesbezüglich auf der sichereren Seite. Wenn Ihnen dagegen auch das hundertste »Guck mal, ein Pony an der Leine« oder »Ach, ist der süüüüüß!« nichts ausmacht, kann die zukünftige Größe Ihres vierbeinigen Freundes von Herzen egal sein.
Ach ja, was man natürlich nicht vergessen sollte: Große Hunde hinterlassen beim Gassigehen auch größere »Spuren« und die muss man heutzutage fast überall auch beseitigen. Das ist gut so, aber eben auch ein Faktor, den es zu berücksichtigen gilt.

»Ich persönlich mag ja beides. Chihuahua oder Dogge, das macht für mich keinen Unterschied – rein auf die Statur bezogen natürlich, vom Charakter her liegen zwischen beiden nämlich Welten.«

Eins allerdings sind große Hunde nicht: Sie sind nicht schwerer zu erziehen als kleine. Sie brauchen auch nicht zwingend mehr Auslauf. Meine großen Doggen zum Beispiel machen deutlich schneller schlapp als mein Terrier-Dackel-Mix Filou. Wenn der am Strand noch immer in die Fluten springt oder wie ein Verrückter im Sand buddelt, liegen die Großen schon längst im Schatten und dösen.

MISCHLINGE

Es gibt bei Rassehunden zwar eine gewisse »Sicherheit«: Wenn etwa beide Elternteile keine Hüftdysplasie haben, also HD-frei sind, stehen auch beim Nachwuchs die Chancen gut, dass die Hüftgelenke keine Probleme machen werden. Wenn eine Rasse als gutmütig gilt, ist sie in der Regel für unerfahrene Halter einfacher als andere. Allerdings ist Rasse allein noch keine Garantie für eine geglückte Mensch-Hund-Beziehung.
Die kann mit einem Mischlingswelpen genauso gelingen. Allerdings weiß man eben in der Regel weniger genau, auf was man sich einlässt. Nicht immer ist klar, wer der Vater

Nicht das Aussehen eines Welpen sollte darüber entscheiden, ob er bei einem einzieht, sondern vor allem sein Typ.

ist und welche Merkmale später einmal dominieren werden. Wie groß der Hund einmal wird und welche Charaktereigenschaften er zeigen wird. Und wenn einer der Eltern (oder sogar beide) schon ein Mischling ist, ist dementsprechend noch viel mehr möglich. Umso wichtiger ist, dass man von Anfang an alles richtig macht.
Und was ist mit der Gesundheit? Früher hieß es ja oft, Mischlinge seien weniger krankheitsanfällig als Rassetiere. Heute weiß man, dass das so pauschal leider nicht stimmt. Denn Erbkrankheiten können auch nach mehreren Generationen noch auftreten.
In meiner Kindheit hatten wir aber immer Mischlinge und jeder einzelne dieser Hunde war eine echte Bereicherung für uns.

JEDER HUND IST ANDERS

Aber auch innerhalb einer Rasse und noch nicht einmal innerhalb eines Wurfes ist jeder Hund gleich. Genauso wie alle ein bisschen anders aussehen – der eine ist zum Beispiel etwas kräftiger, der andere zarter oder hat eine andere Zeichnung –, unterscheiden sie sich auch vom Charakter her. In jedem Wurf gibt es verschiedene Persönlichkeiten. Drei davon lassen sich leicht unterscheiden: die Mutigen, die eher Schüchternen und die dazwischen, die zwar durchaus interessiert sind, aber dabei doch auch vorsichtig. Es ist Ihre Aufgabe, den Welpen auszuwählen, der am besten zu Ihnen passt. Sie müssen entscheiden, welcher für Sie der Richtige ist. Auch das gehört zur Verantwortung.
Die Persönlichkeit eines Hundes lässt sich schon bei recht jungen Welpen erkennen.

Wenn Sie sich für einen Rassewelpen entscheiden, haben Sie normalerweise die Möglichkeit, Ihren Hund aus einer Gruppe von Welpen auszuwählen. Dasselbe gilt bei Mischlingen, die in Privatfamilien zur Welt kommen oder die mit ihrer Mutter und ihren Geschwistern im Tierheim leben. Beobachten Sie, wie sich der Welpe in der Gruppe verhält. Wie er auf Menschen reagiert? Wie er auf Sie reagiert? Es muss zwar nicht unbedingt sein, dass derjenige, der gleich auf Sie zustürmt, automatisch der Anführer der Truppe ist. Aber in den allermeisten Fällen ist er es. Das »Aufgeregte« ist dann sein Charakter, macht seine Persönlichkeit mit aus und muss bei der Erziehung entsprechend berücksichtigt werden. Jeder Welpe (und auch jeder erwachsene Hund) nimmt Regeln anders wahr und braucht unterschiedlich lang, bis er sie verstanden hat und einhält. Für einen Mutigen sind zum Beispiel Treppen, ein glatter Boden kein Problem, weil er weniger vorsichtig ist und sich keinen Kopf darüber macht, dass er ausrutschen könnte. Ein anderer Hund kann einen dagegen schier zur Verzweiflung bringen, wenn er partout nicht Treppen steigen oder über einen bestimmten Boden gehen möchte, etwa die roten Fliesen im eigenen Treppenhaus. Ein sensitiver, gefühlvoller Hund nimmt Dinge einfach anders wahr und braucht unter Umständen länger, seine Unsicherheiten zu überwinden. Dafür lernt er beispielsweise viel schneller, gelassen zu bleiben, wenn ein anderer Hund ihn anbellt oder anderweitig provoziert. Beim Mutigen kann es deutlich länger dauern, bis er in so einer Situation souverän reagiert.

Aber welcher Typ ist nun der bessere? Auch hier gibt es mal wieder keine eindeutigen Regeln. Eine unsichere Hundepersönlichkeit (der »Schüchterne«) kann genauso ein guter Begleiter sein wie ein »frecher« Typ. Man muss jedoch anders mit ihm umgehen. Und das lässt hier schon einmal eine ganz wichtige Erkenntnis zu: Die Welpenerziehung sollte sich nicht nur danach richten, was wir uns vorstellen, sondern auch nach dem, wie der Welpe ist und was er braucht. Daher ist es sinnvoll, sich vorab Gedanken zu machen, welcher Typ am besten zu einem passt.

Elly und Betty sehen sich zwar zum Verwechseln ähnlich, aber vom Typ her sind sie völlig unterschiedlich.

Der Mutige

Der Mutige hat in der Geschwistergruppe bereits eine gewisse Verantwortung übernommen. Und wie er in den ersten Wochen gelebt, was er erlebt und gelernt hat, prägt ihn natürlich und wird sich zu einem gewissen Grad immer wieder wiederholen. Wenn man bei einem mutigen Welpen unangebrachtes Verhalten wie Anspringen oder Knabbern nicht korrigiert, hat man spätestens in der Pubertät ein Problem. Der Mutige braucht daher einen Menschen, der mit seiner Energie umgehen kann. Man muss diesen Welpen zum Beispiel deutlicher und eventuell auch immer wieder zeigen, wie sie sich verhalten dürfen. Genauso sollte man sich nicht von ihnen unterkriegen lassen und irgendwann einfach aufgeben. Man darf aber auch nicht

Auf und davon! Gerade den mutigen Welpen muss man immer wieder zeigen, was sie dürfen oder nicht.

ungeduldig werden. Denn die negative Energie, die dann zutage kommt, macht alles nur noch schlimmer.
Was ein Draufgänger im Übermaß braucht, ist Ruhe. Und wie er zu dieser Ruhe kommt, kann er nur von einem ruhigen Frauchen oder Herrchen lernen.

Der Schüchterne

Ruhe ist bei diesem Typ nicht so sehr das Problem. Daher lernen schüchterne Welpen zum Beispiel oft auch schneller, allein zu Hause zu bleiben, ohne etwas anzustellen. Trotzdem braucht man auch bei der Erziehung sensibler Welpen viel Geduld und Zeit, aber eben um ihnen andere Dinge beizubringen. Was diese Hunde ganz besonders nötig haben (noch mehr als alle anderen), ist ein Gefühl von Sicherheit. Sie wollen sich ganz und gar auf ihren Menschen verlassen können. Dabei hilft, neben einer gehörigen Portion Gelassenheit auch eine feste Alltagsstruktur. Sie gibt dem Hund Halt, und sorgt durch ihre immer wiederkehrende Gleichmäßigkeit für mehr Sicherheit.

Die goldene Mitte

Gerade unerfahrenen Hundehaltern empfehle ich, wenn sie mich um Rat fragen, die »mittleren« Welpen zu nehmen. Mittelmaß, das klingt zwar erst mal wenig aufregend und vielleicht sogar ein bisschen negativ. Ich nenne diesen Welpentyp daher lieber »die goldene Mitte«. Dieser Begriff verdeutlicht die inneren Werte der »mittleren« Welpen viel besser. Sie neigen nicht zu Extremen, sind also weder besonders draufgängerisch noch besonders schüchtern. Dementsprechend ist auch ihre Erziehung oft etwas einfacher, weil sie weniger innere Hürden bewältigen müssen. Aber Vorsicht: Ganz allein können sich auch diese Welpen nicht entwickeln. Sie brauchen Ihre Unterstützung genauso wie ihre Geschwister.

»Jeder Welpe ist einzigartig, aber jeder braucht Sie.«

Um sich ein noch besseres Bild von den Welpen machen zu können, sollten Sie den Züchter fragen, ob sich seine Erfahrungen mit Ihren Eindrücken decken. Dieselbe Möglichkeit besteht ebenso im Tierheim; dort wissen vermutlich der Betreuer oder der Tierarzt am besten Bescheid.

RÜDE ODER HÜNDIN?

Ich werde oft gefragt, wer sich leichter erziehen lässt und besser folgt: Hündin oder Rüde? Ich antworte dann jedes Mal aus tiefster Überzeugung, dass diesbezüglich keines der Geschlechter Vor- oder Nachteile hat. Beide sind gleich gut umgänglich. Es ist meiner Erfahrung nach so, dass eher der Mensch gewisse Vorlieben hat. Denn natürlich sind Hündin und Rüde verschieden, so wie Mädchen und Jungen, Frauen und Männer nicht alle gleich sind.
Ein Rüde ist für viele mehr der Kumpel-Typ. Ein Weibchen hat in der Natur oft eine starke

»Je mehr Erfahrungen ein Welpe schon sammeln durfte, desto besser. Überprüfen Sie, was er schon kennt und was nicht. Und holen Sie es notfalls nach.«

Position im Rudel inne, daher assoziiert man mit ihm vielleicht mehr das Familiäre. Ich habe festgestellt, dass solche Neigungen bei vielen Menschen übrigens schon in der Kindheit geprägt werden – je nachdem ob man sich mit dem Hund eher einen Buddy oder eher eine Art Vertraute wünscht.
Wenn Sie selbst merken, dass es Sie zu einem bestimmten Geschlecht zieht, können Sie das natürlich bei Ihrer Auswahl berücksichtigen. Ich persönlich würde dem aber nicht so einen großen Stellenwert einräumen. Denn eins kann ich eindeutig sagen: Bei meiner Arbeit sind die Probleme nie geschlechtstypisch beziehungsweise geschlechtsabhängig. Wenn etwas in der Mensch-Hund-Beziehung schiefläuft, liegt es immer daran, dass sich der Hundehalter auf irgendeine Weise falsch verhält. Womit wir beim Kern dieses Buches angekommen sind: dem richtigen Umgang mit dem Hund – oder in diesem Fall der richtige Umgang mit dem Welpen.

WIE ALT SOLLTE DER WELPE SEIN?

Wenn Hunde das Licht der Welt erblicken, sind sie erst einmal völlig hilflos, wie Menschenbabys. Allerdings entwickeln sie sich ziemlich schnell zu den putzigen Fellknäueln, die wir vor Augen haben, wenn wir an Welpen denken. Schon mit wenigen Wochen verlassen die Kleinen das Nest und beginnen, die Welt um sich herum zu entdecken und zu erobern. Ein verantwortungsvoller Züchter nimmt ab diesem Alter die Mutter mehr und mehr raus und beschäftigt sich selbst mit den Welpen. Auch die Geschwister – und wenn er im Haus wohnt der Vater – sind jetzt vorrangig für die Entwicklung wichtig.
Mit etwa acht Wochen dann wird schließlich auch der Mensch zu einem echten »Bezugstier«. Bis vor einigen Jahren lautete daher die Empfehlung, Welpen schon in diesem Alter aus dem Geschwisterrudel zu nehmen, damit sie sich gleich an ihren neuen Besitzer binden. Heute raten Experten eher dazu, noch ein bisschen abzuwarten und den Welpen erst mit zwölf Wochen abzuholen. Ein verantwortungsvoller Züchter bringt seinen Welpen in diesen vier Wochen noch eine Menge bei und macht sie mit vielen unterschiedlichen Dingen und Situationen vertraut, wie Halsband und Leine, Autofahren und Straßenverkehr, Lärm, Kinder und, und, und. Gleichzeitig lernt der Welpe im Zusammensein mit den Geschwistern weiter, wie man sich anderen Hunden gegenüber verhält. Alles in allem bedeutet das, dass der Welpe schon viel kennengelernt hat, bevor er zu Ihnen kommt. Und das ist gut.
Nicht zuletzt hat das »Alter« noch einen ganz praktischen Vorteil. Mit zwölf Wochen kann der Vierbeiner schon etwa drei Stunden sein Pipi halten. Das macht es deutlich leichter, ihn stubenrein zu bekommen. Ein jüngerer Hund hält noch nicht so lang durch.

In den ersten Wochen sind sich die Welpen selbst genug. Aber schon bald wollen Sie mit uns Menschen sein.

Welpen wollen nicht allein sein, daher laufen sie uns instinktiv hinterher – nicht nur beim Spielen am Strand.

Vom Welpen zum Traumhund

Egal ob Sie sich für eine bestimmte Rasse oder einen Mischling entscheiden, für eine Hündin oder einen Rüden, für einen Welpen vom Züchter, aus dem Tierheim oder aus einer Privatfamilie: Das junge Ding ist noch lang kein »fertiger« Hund. Der Welpe bringt zwar alles mit, was Sie sich vermutlich von Ihrem vierbeinigen Partner wünschen. Aber er braucht noch viele Monate, um dieses Potenzial auch voll auszubauen. Vor allem aber braucht er dazu Ihre Unterstützung. Sie müssen ihm klarmachen, was Sie von ihm erwarten. Sie müssen ihm zeigen, wie unsere Menschenwelt funktioniert, damit er sich in Ihren Alltag integrieren kann.

DIE NATUR HILFT MIT

Hunde haben sich uns Menschen über Jahrmillionen perfekt angepasst. Wenn wir liebevoll und normal mit ihnen umgehen, ist es ganz einfach, sich zu verstehen. Anders als ein Menschenbaby ist ein Welpe nicht »klein« und kann noch nichts machen. Schon in diesem zarten Alter ist er ein Meister der Körpersprache, auch wenn er vielleicht noch nicht jede unserer Mienen und Gesten so einordnen kann wie ein erwachsener Hund. Das ist schließlich Übungssache. Aber auch der Welpe nimmt uns wahr.
Zu viel Information macht jedoch schnell verrückt – und zwar nicht nur die Vierbeiner, sondern auch uns selbst. Ich plädiere daher lieber zu einer gewissen Portion Bauchgefühl als zu einer Erziehung streng nach Plan.

Loben und Streicheln gehört natürlich auch dazu. Es signalisiert dem Welpen: ich nehme dich wahr.

Wenn Sie sich die natürlichen Instinkte Ihres Welpen zunutze machen, ist der auch gar nicht nötig. Ihr Welpe will sich ja von Natur aus an Sie binden und mit beziehungsweise von Ihnen lernen. Sie müssen das nur noch unterstützen. Und ich zeigen Ihnen in diesem Buch, wie das geht.

SO GEHT ARTGERECHTE ERZIEHUNG

Ein junger Hund wird von Anfang an erzogen: von der Mutter, von den Geschwistern, von den Menschen, bei denen er die ersten Wochen aufwächst. Erziehung ist für ihn also nichts Neues und wenn Sie gleich damit weitermachen, ist er es gewohnt und kennt es. Im Grunde müssen Sie nur seine Instinkte »füttern« und dabei drei Strategien folgen, um auf artgerechte Weise und ohne große Umwege ans Ziel zu kommen:

- **Schaffen Sie eine starke Bindung:** Wenn ein Welpe weiß, wo er hingehört, ist das schon die halbe Miete. Denn dann folgt er Ihnen bis zu einem gewissen Grad quasi automatisch. Zeigen Sie dem Welpen daher vom ersten Tag an, dass er sich bei Ihnen sicher fühlen kann und nicht nur Spaß, sondern vor allem auch Ruhe findet. Was für viele dabei das Schönste ist: Dazu gehört auch eine gehörige Portion Körperkontakt. Beim Im-Arm-Halten, Streicheln und Miteinander-Kuscheln schüttet der Körper bei Hund und Mensch nämlich immer wieder das Bindungshormon Oxytocin aus und verstärkt so das Zusammengehörigkeitsgefühl auf ganz natürliche Art. Ab Seite 33 erfahren Sie, was Sie noch tun können, um die Bindung zu stärken und wieso Sie dadurch überhaupt erst die Basis für die Erziehung Ihres Welpen schaffen.

Mit etwas Übung wissen auch junge Hunde schon, wann sie einfach nur neben dem Menschen herlaufen sollen …

- **Strukturieren Sie den Alltag:** Feste Strukturen sind für einen Welpen extrem wichtig, um sich zu entwickeln. Sie stärken zudem die Bindung, weil er dadurch merkt, dass er sich ganz und gar auf Sie verlassen kann. Indem Sie immer wieder alles so machen, wie er es kennt (und erkennt), zeigen Sie ihm, dass Sie die Verantwortung für ihn übernehmen und er sich keinen Kopf machen muss. Alles was er zu tun braucht, ist das zu machen, was er immer tut. Und das ist genau das, was Sie von ihm erwarten. Entgegen einer landläufigen Meinung engen Strukturen und Regeln den Welpen in seiner Entwicklung also nicht ein, und auf gar keinen Fall sind sie eine Strafe. Im Gegenteil, sie helfen ihm sehr, sich in seinem neuen Zuhause einzugewöhnen und sich an unser individuelles Leben anzupassen. Ab Seite 61 zeige ich Ihnen, wie Sie auf einfachem Weg eine feste Struktur vorgeben, in der der Hund behütet heranwachsen und sich entwickeln kann.
- **Unterstützen Sie Ihren Welpen liebevoll beim Lernen:** Auch wenn es seiner Natur entspricht, es uns möglichst recht zu machen, muss der Welpe einige Dinge erst noch lernen, damit er in der Menschenwelt gut zurechtkommt und sich wohlfühlt. Genauso muss er Dinge lernen, damit wir selbst uns wohlfühlen. Wenn er sich immer wieder »danebenbenimmt«, kommen wir nämlich recht schnell ins Schwitzen.

Damit Ihrem Welpen Autofahren, ein paar Stunden allein bleiben, mit ins Café gehen und ähnliche Herausforderungen, die es in der ursprünglichen Hundewelt so nicht gab, in Fleisch und Blut übergehen und damit sie genauso normal werden wie Spielen, Fressen oder Schlafen, müssen Sie sie geduldig immer wieder mit ihm wiederholen. So werden sie mit jedem Mal ein bisschen selbstverständlicher, bis irgendwann selbst anfängliche Stolperschwellen überhaupt nichts Besonderes mehr sind. Und keiner Aufregung wert. Diesen Prozess des Lernens nennt man Konditionierung.

Was ein Welpe meiner Meinung nach lernen sollte, erfahren Sie ab Seite 105. Und auch, wie Sie es ihm am besten beibringen.

Probieren Sie in diesem Rahmen ruhig auch verschiedene Sachen aus. Denn nicht immer muss das, was beim einen Welpen gut klappt, beim anderen genauso schnell funktionieren. Ein Hund ist ein Lebewesen. Er hat eine eigene Persönlichkeit und bringt so immer schon etwas in die Beziehung mit. Sie erinnern sich: es gibt unterschiedliche Persönlichkeiten. Berücksichtigen Sie die Tatsache, dass jeder Welpe spezielle Bedürfnisse hat. Wenn Sie erkennen, was Ihr Welpe mitbringt, was er braucht und wie Sie diese Bedürfnisse erfüllen können, machen Sie von Anfang an alles richtig. Dann wachsen Sie ganz automatisch zu dem zusammen, was ich als ein harmonisches Mensch-Hund-Team bezeichne – nämlich eine Partnerschaft, die beiden Seiten guttut und von der alle etwas haben.

NICHT LANGE WARTEN

Genauso wichtig, wie die individuellen Bedürfnisse und Veranlagungen eines Welpen zu berücksichtigen, ist es, nicht lang mit der Erziehung zu warten, sondern gleich von Anfang an damit zu beginnen.
Wenn der Welpe Tage, Wochen oder vielleicht sogar Monate erst einmal mehr oder weniger tun und lassen darf, was er will, weil Sie meinen, er wäre noch zu klein, um irgendetwas zu lernen, haben Sie nämlich ziemlich schlechte Karten. Hunde sind

… und wann Zeit ist, um ausgelassen zu spielen und herumzutoben.

schließlich genau wie wir selbst Gewohnheitstiere. Wenn wir ihnen vermitteln, dass es völlig in Ordnung ist, wenn sie »herumspinnen«, werden sie es auch tun. Warum sollten sie es ändern? Und selbst wenn Sie sich am Anfang nicht vorstellen können, dass Ihr Hund Ihnen aufgrund seines Benehmens irgendwann einmal gehörig auf die Nerven gehen wird: Er wird es tun, glauben Sie mir! Vielleicht finden Sie es eine Zeit lang niedlich, wenn er jeden Menschen wie wild begrüßt. Vielleicht macht es Ihnen auch nichts aus, wenn dabei der Teppich anfangs ein paar Tröpfchen abbekommt. Vielleicht stört es Sie nicht, wenn der Welpe sich neben Sie setzt und an Ihrem Bein kratzt, sobald Sie sich an den Tisch setzen und essen wollen. Möglicherweise freuen Sie sich sogar über Ihren »geschmackssicheren« Hund, wenn er sich das hässliche Plüschtier vom Jahrmarkt aus dem Kinderzimmer klaut und darauf herumkaut – ganz offensichtlich findet er es genauso hässlich wie Sie.

Aber spätestens wenn der Hund so groß ist, dass er einen bei jeder Begrüßung im wahrsten Sinn des Wortes in die Knie zwingt, Dutzende von Seidenstrumpfhosen zerrissen hat oder aus den paar Tröpfchen eine respektable Pipilache geworden ist, wenn Sie selbst keinen Bissen mehr runterkriegen, weil Ihr Hund so exzessiv bettelt, dass Sie nur noch damit beschäftigt sind, ihn zu maßregeln oder wenn er entdeckt, dass Ihre Lieblingsschuhe oder die Fernbedienung ebenso gute »Kampfgegner« sind wie ein hässliches Plüschtier, ist Schluss mit lustig.

Ich will wirklich kein Spielverderber sein und schon Horrorszenarien an die Wand malen, bevor Ihr neues Familienmitglied überhaupt bei Ihnen eingezogen ist. Ich möchte Ihnen nur klarmachen, wie leicht alles ist, wenn Sie von Anfang an den richtigen Weg einschlagen. Weil dann überhaupt keine Missverständnisse auftreten.

Natürlich kann man unerwünschtem Verhalten immer entgegenwirken – egal wie alt ein Hund ist. Ich unterstütze mit meiner Arbeit jeden Tag Hundehalter, die etwas in ihrer Mensch-Hund-Beziehung verändern wollen. Und das auch schaffen. Aber alles ist so viel einfacher, wenn Sie Ihrem Welpen vom ersten Tag an zeigen, was Sie sich von ihm wünschen. Und ihm das auch noch so vermitteln, dass er es versteht und lernen kann. Wir selbst sind der Schlüssel zu einer guten Partnerschaft, mit unserem eigenen Verhalten legen wir den Grundstein einer erfolgreichen Erziehung. Ein Welpe muss nicht erst mal »verwöhnt« werden, damit er sich im neuen Zuhause wohlfühlt. Er fühlt sich von Natur aus gut, wenn er in der Nähe seines Menschen sein darf. Er braucht kein Mitleid, weil man ihn aus seiner alten Umgebung »herausgerissen« hat. Natürlich muss er sich umgewöhnen. Aber er ist bereit für das neue Leben. Er ist bereit für das Leben mit Ihnen, und er freut sich darauf. Weil Sie bei ihm sein werden! Darauf sollten Sie aufbauen, indem Sie das Zusammengehörigkeitsgefühl immer weiter fördern. Denn eine gute Bindung ist die Basis für alles Weitere.

Alles Gute,

Nur wenn man sich von Anfang an als Team sieht, kann man auch zu einem solchen heranwachsen.

EINE HANDVOLL DOGGE: DIE ERSTEN TAGE

Als ich vor ein paar Jahren beschlossen hatte, die Verantwortung für eine trächtige Doggenhündin zu übernehmen, war ich begeistert. Ich wollte von Anfang an beobachten, was Welpen prägt. Aber dann kam alles ganz anders ...

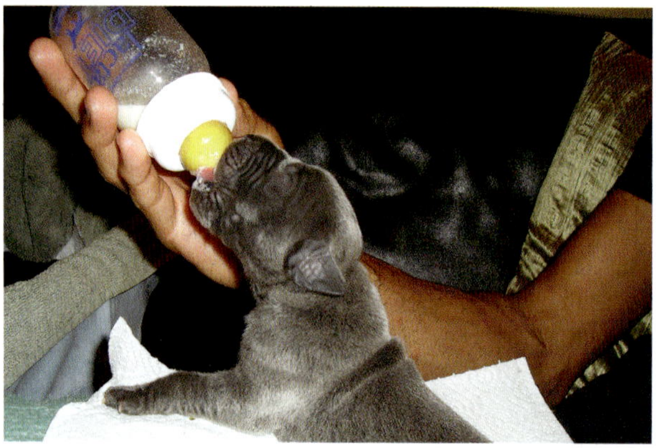

Milch ist das wichtigste Lebenselixier, der Hunger in den ersten Tagen entsprechend groß.

Neugeborene Welpen sind blind und taub, können ihre Körperwärme nicht regulieren und brauchen Unterstützung bei der Verdauung. Deshalb sind sie in den ersten Lebenstagen vollkommen auf ihre Mutter angewiesen. Sie kann sie mit allem versorgen, was sie brauchen, um schnellstmöglich eigenständig überleben zu können. Instinktiv robben die Kleinen an ihren Bauch, um sich zu wärmen, und schnappen dabei auf der Suche nach einer Zitze reflexhaft nach allem, was sie berühren. Bis die Welpen mit etwa dreieinhalb Wochen ihre Körpertemperatur selbstständig einigermaßen halten können, bleiben sie immer dicht bei den Geschwistern und der Mutter. Menschen sind für sie noch völlig uninteressant, genauso wie die Umgebung um sie herum. Sie wollen nur warm aneinandergekuschelt schlafen und ab und zu Milch saugen. So lange, dachte ich, wäre für mich wenig zu tun. Doch dann verstarb meine Hündin an den Folgen der Geburt.

PLÖTZLICH HUNDEMUTTER

Nach ihrem Tod war klar, dass nichts so sein würde, wie ich es geplant hatte. Anstatt die ersten Wochen als Außenstehender zu beobachten, war ich plötzlich mittendrin. Denn wenn die Welpen überleben sollten – bei mir –, musste ich die Aufgaben ihrer Mutter übernehmen. Ich musste sie ernähren, wärmen, massieren, ihnen Nähe und Geborgenheit schenken. Allein mit Kuscheln war das nicht getan, dessen war ich mir bewusst. Ich musste dafür sorgen, dass sie nicht auskühlten. Musste in

Wenn die Doggenbabys nicht gerade trinken, ist Gruppenkuscheln angesagt. So gemütlich!

regelmäßigen Abständen ihre kleinen Bäuche massieren, damit die Verdauung in Schwung kommt und sie ihr Geschäft verrichten können. Und natürlich war ich in einer Tour damit beschäftigt, Milch für die fünf anzurühren und ein Fläschchen nach dem anderen zu geben. Wenn der letzte satt war, hatte der erste schon wieder Hunger ... So fühlte es sich für mich auf jeden Fall an.
Weil ich mir wünschte, dass sie ihre natürlichen Instinkte behalten und so normal wie möglich aufwachsen, versuchte ich bei alldem auf eine möglichst hündische Art mit ihnen umzugehen. Ich lag die meiste Zeit bei ihnen, damit sie sich an mich kuscheln konnten und rollte sie herum, wie es ihre Mutter getan hätte. Ich hob sie auch nicht einfach hoch, um sie zu füttern, sondern ließ sie nach dem Fläschchen »suchen« als sei es eine Zitze.

ERSTE ENTDECKUNGSTOUREN

Als sie ungefähr zwei Wochen alt waren, öffneten die Welpen ihre Augen und Ohren. Plötzlich konnten sie ihr Geschäft allein erledigen. Und ich konnte das erste Mal durchschnaufen. Die erste wichtige Phase war überstanden, alle fünf hatten überlebt. Von jetzt an begannen meine kleinen Doggen sich Tag für Tag mehr für ihre Umwelt zu interessieren – früher als normalerweise. Sie wollten das Nest verlassen und sich auf erste kleine Erkundungstouren begeben. Sie nahmen erstmals aktiv Kontakt zu nahen Familienmitgliedern auf und »entdeckten«, dass es Menschen gibt. Es war Zeit, in die nächste Phase zu starten und sie auf mich als Mensch zu prägen. Auch wenn ich gleichzeitig noch eine Weile die Mutterrolle würde übernehmen müssen. (Wie es mit den Welpen weiterging, lesen Sie auf Seite 58 und 59).

Die neugeborenen Welpen scheinen nie satt zu sein. Das bedeutet: Fläschchengeben rund um die Uhr.

BINDUNG
SCHAFFEN

Eine gute Bindung ist die wichtigste Voraussetzung dafür, dass Ihr Welpe von Ihnen lernen kann. Wenn er intensiv spürt, dass er zu Ihnen gehört, kann er sich auf Neues einlassen und gemeinsam mit Ihnen die Welt erobern.

WELPEN BRAUCHEN MENSCHEN

Hunde suchen von Natur aus die Nähe des Menschen. Der Wunsch, sich an uns zu binden, ist ein fester Bestandteil ihres Wesens. Und wenn er von Anfang an erfüllt wird, ist es ganz leicht, glücklich zusammenzuleben.

Hunde und Menschen gehören einfach zusammen. Davon bin nicht nur ich persönlich überzeugt, sondern das zeigen immer wieder auch wissenschaftliche Studien, die beispielsweise die Kommunikation zwischen Zwei- und Vierbeinern untersuchen. Oder die Wirkung von Hunden auf Menschen.

Hunde sind unsere ältesten Haustiere. Sie lebten sogar schon mit uns zusammen, lange bevor wir überhaupt sesshaft wurden und in Häusern wohnten. Sie begleiteten den Menschen Jahrtausende, bevor er begann, Nutztiere zu halten, die ihn mit Fleisch, Milch und Eiern versorgten. Selbst Katzen, heute die beliebtesten Heimtiere, suchten erst viel später die Nähe zum Menschen – als im Zuge des Ackerbaus seine gut gefüllten Getreidespeicher fettere Beute versprachen.

Natürlich kann es ebenfalls die Hoffnung auf leicht zu verschaffende Nahrung gewesen sein, weswegen die ersten Wölfe die Nähe des Menschen suchten. Aber selbst wenn es so war, brachten die Tiere schon damals etwas mit, das vermutlich schnell dazu führte, dass sich eine Beziehung entwickelte, die weit über eine reine Zweckgemeinschaft hinausreichte. Beide, Mensch und Wolf, waren Raubtiere. Sie lebten in festen Rudeln, in denen jeder seine Aufgaben hatte. Sie pflegten teils lebenslange Beziehungen zueinander und widmeten sich gemeinsam der Aufzucht des Nachwuchses. Damit die Gemeinschaft funktionierte, musste jeder mit den anderen kommunizieren und kooperieren. So gesehen waren sich Menschen- und Wolfsrudel also gar nicht so unähnlich. Es wundert mich nicht, dass man sich schnell verstand.

Allerdings sind Hunde nicht einfach nur domestizierte Wölfe. Die lange Gemeinschaft mit den Menschen hat aber nicht nur in Bezug auf das Aussehen ihre Spuren hinterlassen. Hunde haben sich unserem Lebensstil nahezu perfekt angepasst. Vor allem aber wollen sie von sich aus mit uns leben und sich an uns binden. Und beim Welpen ist dieser natürliche Drang entwicklungsbedingt sogar besonders hoch. Das macht seine Erziehung auch so einfach – wenn man es richtig angeht und seine hundetypischen Bedürfnisse berücksichtigt. Aber von Anfang an …

Die Entwicklung des Welpen

Wenn ein Welpe auf die Welt kommt, ist er erst einmal völlig hilflos. Er ist blind und taub und obwohl er nicht nackt ist, kann er seine Körpertemperatur nicht selbstständig aufrechterhalten. Ohne den permanenten Körperkontakt zur Mutter und zu seinen Geschwistern würde er sehr schnell sterben. Nicht einmal sein Geschäft kann ein neugeborenes Hündchen allein machen. Um die Verdauung anzuregen, leckt die Mutter ständig über die winzigen Bäuche ihrer Jungen. Würde sie das nicht machen, könnten sie nicht überleben.
Was dagegen von Anfang an sehr gut funktioniert, ist die Nase des Welpen. Sein Geruchssinn ist zwar noch nicht in Höchstform, das dauert noch paar Wochen. Aber er lenkt ihn, zusammen mit dem bereits ausgebildeten Tastsinn, schon jetzt instinktiv zur Zitze der Hündin und sichert so sein Überleben.

»Jeder Hund braucht einen Menschen. Erst der Mensch ermöglicht dem Hund ein glückliches Leben.«

Nach der Geburt ist also erst einmal die Hundemutter verantwortlich für den Welpen. Und damit ihren Jungen nichts passiert, zieht sie in den ersten vier Wochen sogar eine Art imaginäre Grenze: kein anderes Tier darf dem Nachwuchs zu nahe kommen, nicht einmal der Vater oder ein anderer ihr bekannter Hund. Die Hündin macht nur eine Ausnahme: bei vertrauten Menschen. Dies ist in meinen Augen einer der großartigsten Beweise für das Vertrauen, das Hunde von Natur aus in »ihre« Menschen haben.

DAS ABENTEUER BEGINNT

Die Bindung zwischen Welpe und Hündin ähnelt der eines Säuglings zu seiner Mutter. Allerdings geht beim Hund alles viel schneller als beim Menschen. Nach rund 14 Tagen kann der Welpe sich bereits selbstständig lösen und wird mobiler – wenn auch nur für kurze Zeit und noch auf ziemlich wackeligen Beinchen. Aber immerhin!
Etwa ab der vierten Lebenswoche ist sein Kreislauf dann so weit, dass der Körper eine durchschnittliche Temperatur von ungefähr 38 Grad halten kann. Ab jetzt ist der Welpe nicht mehr auf ständiges Kontaktkuscheln angewiesen und kann damit beginnen, mehr und mehr seine Umwelt zu erkunden. Er trinkt das erste Mal Wasser und fängt an, neben der Muttermilch weiche Nahrung zu sich zu nehmen – dazu sind in den vergangenen beiden Wochen die spitzen Welpenzähnchen durchgebrochen.
Je mehr sich der Welpe von der Mutter löst, umso wichtiger werden die Geschwister und andere im Haus lebende Hunde. Es beginnt die erste Sozialisierungsphase. Die Kleinen lernen, was die verschiedenen Körpersignale der Artgenossen bedeuten und sie lernen, diese Zeichen auch selbst einzusetzen, um sich gegenüber den anderen verständlich zu machen. Sie können ihre Kräfte messen und

mithilfe erster »Machtkämpfe« ihre Position in der Gruppe finden und behaupten.

All das bedeutet nicht, dass der Mensch momentan noch keine Rolle für die Entwicklung der Welpen spielen würde. Im Gegenteil: Ab dem Zeitpunkt, an dem sie sich von der Mutter zu lösen beginnen, sollten junge Hunde viel Kontakt zu Zweibeinern haben. Sie erkennen uns schon in diesem jungen Alter als Familienmitglieder und brauchen die Nähe. Eine ganz besondere Rolle kommt natürlich dem Züchter beziehungsweise der Hauptbezugsperson zu. Er oder sie können die Welpen schon jetzt gezielt fördern. Vor allem eher unsichere, sensible Hunde profitieren davon, wenn man sie immer wieder mal bewusst mit solchen Situationen und Dingen konfrontiert, die sie ängstigen. Wenn sie dabei gleichzeitig gestreichelt werden oder man mit ihnen spielt, verknüpfen sie diese positive Erfahrung mit dem Ungewohnten und werden ruhiger und sicherer.

Je besser die Welpen in dieser frühen Phase sozialisiert werden, desto souveräner können sie später mit anderen Hunden und ungewohnten Situationen umgehen. Einfach weil

Mit und an ihren Geschwistern lernen Welpen, wie man kommuniziert und was man sich erlauben darf.

sie uns mehr vertrauen. Noch ein Grund, warum es so wichtig ist, dass Ihr Welpe aus »gutem Hause« kommt. Was nicht heißt, dass er ein Rassehund sein muss. Die liebevolle, verantwortungsbewusste Umgebung ist wichtig, nicht die Abstammung.

FRÜHZEITIGE FÖRDERUNG STÄRKT DAS BINDUNGSVERHALTEN

In den kommenden zwei bis drei Wochen geht es unter den Geschwistern immer turbulenter zu. Die Mutter spielt zwar immer noch eine große Rolle in ihrem Leben, sie zieht sich aber mehr und mehr zurück. Ein verantwortungsvoller Züchter oder die Bezugsperson unterstützt das – zum einen, damit die Hündin sich richtig erholen kann, zum anderen aber auch, weil es für die Entwicklung der Welpen gut ist.

Wenn man gut hinschaut, entdeckt man bereits die ersten Anzeichen, was für ein Typ ein Welpe ist, wie er in der Gruppe agiert und welche Stellung er innerhalb des Wurfes hat. Erste Prognosen lassen sich zwar vielleicht schon früher treffen, richtig zutage tritt die Persönlichkeit aber erst mit etwa sechs, sieben Wochen. Wenn Sie die Möglichkeit haben, schon jetzt einen Besuch bei den Welpen zu machen, sollten Sie sich das also nicht entgehen lassen.
Ab der siebten, achten Woche dann ist deutlich zu sehen, wie die Welpen eine Beziehung zum Menschen aufbauen und plötzlich aus eigenen Stücken zu ihm kommen. Die »Menscheneltern« sollten jetzt noch mehr mit den jungen Hunden unternehmen als bisher schon und sie mit vielen »Sachen« vertraut machen. Halsband, Leine, Autos, andere Hunde, Kinder, glatte und / oder spitzkantige

MOTIVATION UND BELOHNUNG

Welpen lernen sehr schnell, wenn man das, was man ihnen beibringen will, mit angenehmen Dingen verknüpft, zum Beispiel mit einem Spielzeug oder ausgiebigem Lob. Auch schüchterne Welpen lassen sich so gut motivieren und überwinden ihre Unsicherheit. Es spricht daher nichts dagegen, bei der Erziehung zu solchen Mitteln zu greifen. Sobald der Welpe kapiert, wie es geht, können Sie damit aber genauso gut wieder aufhören. Er muss dann auch nicht mehr jedes Mal belohnt werden, wenn er etwas richtig macht.
Ich weiß, dass viele Menschen oft das Bedürfnis haben, ihre Hunde zu belohnen. Und wahrscheinlich gibt es keinen Vierbeiner, der sich nicht über ein Extra-Leckerli freut. Echte Belohnung ist in meinen Augen trotzdem etwas anderes: Wenn der Hund so mit uns leben darf, wie es seiner Natur entspricht. Wenn wir ihn respektieren, ruhig und sicher sind, auf unser Bauchgefühl hören und ihm geben, was er tatsächlich braucht. Nur dann nämlich fühlt er sich als echtes Familienmitglied und ist glücklich. Das ist für ihn die beste Belohnung.

Sand, Felsen, Wasser: Ein Tag am Meer bedeutet nicht nur Spielen, sondern auch vieles kennenzulernen.

Untergründe, verschiedene Witterungsverhältnisse … Je mehr die Kleinen zusammen mit dem Mensch kennenlernen, ohne dass man sie dabei überfordert, desto mehr vertrauen sie ihm und fühlen sich sicher. Und desto mehr wird das natürliche Bestreben des Sich-an-den-Menschen-binden-Wollens gefördert. Weil die Welpen merken, dass man gemeinsam viele tolle Sachen erleben kann. Und dass sie uns Zweibeiner brauchen, um gut zu leben. Davon wiederum profitieren Sie als zukünftiger Hundehalter, wenn Sie den Welpen zu sich holen. Die Basis stimmt, ab jetzt können Sie selbst übernehmen.

Das heißt aber auch: Wenn Sie sich nicht ganz sicher sind, ob Ihr Welpe mit zwölf Wochen all diese Dinge und Situationen bereits kennenlernen durfte oder wenn Sie ihn schon früher zu sich holen, müssen Sie ihm die Welt zeigen und alles genauso machen. Er muss dann mit Ihrer Unterstützung lernen, dass er uns Menschen vertrauen kann und die Welt um ihn herum nicht Gefahr bedeutet. Sondern ein herrliches Abenteuer.

SO ENTSTEHT BINDUNG

Ein Welpe wünscht sich nichts mehr, als mit uns zusammenzuleben. Doch nur wenn er sich sicher und aufgehoben fühlt, kann eine tiefe Bindung wachsen. Und die ist Voraussetzung für ein glückliches Mensch-Hund-Team.

Wenn der Welpe zu Ihnen kommt, verändert sich seine Welt erst einmal komplett. Vermutlich hat er bisher keinen einzigen Tag ohne seine Geschwister und seine Mutter verbracht. Er hat rund um die Uhr in einem mehr oder weniger großen Trupp mit anderen Vierbeinern gelebt. Alles um ihn herum war ihm bestens vertraut – und wenn nicht, konnte er es mit seinen Geschwistern entdecken. Jetzt ist plötzlich alles anders. Nicht einmal der Zweibeiner ist derselbe wie bisher. Klingt ganz schön hart. So schlimm wie Sie jetzt vielleicht denken, ist die Umstellung für ihn aber auch wieder nicht. Selbst wenn der kleine Kerl in den neuen vier Wänden zunächst extrem »schüchtern« scheint und/oder in der ersten Nacht ganz jämmerlich weint, heißt das nicht, dass er sich nicht schnell einleben wird. Im Gegenteil: Sie werden überrascht sein, wie rasch das geht.

Eine gute Basis

In einer Hundefamilie ist natürlich immer einiges geboten. Es gibt immer jemanden, mit dem man spielen oder den man ein bisschen ärgern kann. Wenn man müde ist, findet sich sicher jemand, mit dem man gemütlich kuscheln kann. Und selbst wenn man mal seine Ruhe will, kann man die anderen im Blick behalten, sie riechen oder hören und weiß, dass man nicht allein ist. Das Leben in der Gruppe hat also nur Vorteile – zumal der Mensch dafür sorgt, dass alle sich wohlfühlen und sich auch sonst nicht viele Sorgen und keinen Kopf machen müssen.
Was es eigentlich schon ziemlich gut auf den Punkt bringt. Denn damit Hunde sich wohlfühlen, brauchen sie vor allem eins: Sicherheit. Sie wollen wissen, dass sie ihren festen Platz in der Gruppe haben. Dass man gut für sie sorgt und sie sich im Grunde um nichts kümmern brauchen.
Auch Ihr Welpe kennt es bisher nicht anders. In den ersten Wochen musste er nur in Mamas Nähe bleiben, damit er es immer schön warm hatte und damit es genug zu fressen gab. Später dann »servierte« der lustige Zweibeiner das Futter. Genauso haben ihm andere gezeigt, wie man sich in einer Gruppe benimmt. Was man sich im Miteinander leisten kann und was nicht. Ist es noch in Ordnung, wenn ich meine Schwester an der Rute ziehe?

Wo bin ich hier nur hingeraten? Das neue Zuhause muss zuerst einmal vorsichtig erkundet werden.

Was passiert, wenn ich andere anbelle? Und wie reagiert meine Mutter oder ein anderer erwachsener Hund, wenn ich sie/ihn zum Spielen auffordere?

Doch die Erfahrungen, die der Welpe mit Artgenossen sammeln konnte, sind nicht alles. Der Züchter beziehungsweise die Menschen, bei denen er aufwuchs, machten ihn auch mit allerlei Dingen und Situationen vertraut, mit denen man im Laufe eines Hundelebens so in Berührung kommt. Und der kleine Hund musste eigentlich nichts anderes tun, als dabei zu sein und mitzumachen. Und hat dabei ganz nebenbei eine Menge gelernt. Worauf ich hinauswill: Ohne seine Hundefamilie wäre der Welpe im Umgang mit anderen Hunden aufgeschmissen. Und ohne die bisherige Bezugsperson würde er sich mehr schlecht als recht in unserer Menschenwelt zurechtfinden. Denn die Vier- und Zweibeiner haben ihm gezeigt, wo sein Platz ist und wie man sich zu verhalten hat, damit das Zusammenleben möglichst harmonisch verläuft. Wenn Sie genauso weitermachen, lebt sich Ihr Welpe sehr rasch bei Ihnen ein.

Neues Umfeld? Na und!

Hunde sind Rudeltiere. Sie wollen sich instinktiv an eine Gruppe binden. Denn die Evolution hat sie gelehrt, dass sie nur im Verbund überleben und dabei glücklich sein können.

Für einen Welpen ist deshalb ganz selbstverständlich, dass er mit anderen zusammenlebt, ja zusammenleben muss. Und dank seines natürlichen Rudelinstinkts kann er sich sehr schnell an eine neue Familie anpassen – noch leichter als es ein erwachsener Hund könnte. Sein Rudelinstinkt sorgt dafür, dass er genauso dazu bereit ist, sich an Sie zu binden und von Ihnen zu lernen, wie er es bisher von seiner Mutter, seinen Geschwistern und den Menschen, die ihn betreuten, getan hat. Alles was Sie dazu tun müssen, ist ihn als echtes Familienmitglied aufzunehmen. In gewisser Weise müssen Sie genauso Verantwortung für ihn übernehmen wie für ein Kind. Das ist er ja auch: ein Hundekind.

WELPEN BRAUCHEN SICHERHEIT

Leider liegt genau darin die größte Gefahr für Missverständnisse. Denn Ihr Welpe ist zwar ein junger Hund, er ist aber kein Baby mehr. Er kann allein fressen, allein laufen, allein sein Geschäft verrichten und sich selbst beschäftigen (okay, das kann er momentan erst für recht kurze Zeit). Sie können ihm also durchaus etwas zutrauen und ihn auch in gewissem Maße fordern. Indem Sie ihn auf einfühlsame und artgerechte Weise fördern. Und dabei immer mehr zu einem tollen Team zusammenwachsen.

> »Ohne Sicherheit
> entsteht keine Bindung.«

Welpen brauchen keine Rundumversorgung wie neugeborene Menschen. Was sie brauchen ist ein Gefühl des Aufgehobenseins und der Sicherheit. So wie sie es bisher in der Mutter-Geschwister-Gruppe hatten. In der hatte jeder seine Position, seinen Platz. Jeder wusste, wo er hingehört. So funktionieren Familien nun mal.
Vielleicht denken deshalb viele Welpenbesitzer, sie müssten ihren jungen Hund schützen, ihn behüten und alles Notwendige besorgen. Sie machen sich Sorgen um ihn, weil er ihrer Meinung nach alles verloren hat, was er bisher kannte. Aber glauben Sie mir: Indem Sie diese menschlichen Gefühle auf den Welpen projizieren, zeigen Sie ihm, dass er bei Ihnen nicht sicher ist. Dabei wünscht er sich nichts mehr als das.
Es ist normal, dass wir als Menschen so fühlen, das sind unsere Instinkte. So wie der Hund uns als neue Familie annimmt, sehen wir ihn gerne als kleines Baby. Genau deshalb habe ich dieses Buch geschrieben. Es soll Ihnen helfen, die Balance zwischen diesen Gefühlen zu finden und dem Welpen gleichzeitig eine Struktur zu geben, die er genauso braucht wie Ihre Liebe.

So ein Umzug ist daher vor allem eins: anstrengend. Wie gut, wenn man gleich ein Plätzchen zum Schlafen findet.

SIE SIND DRAN!

Ihre wichtigste Aufgabe als frischgebackener Welpenbesitzer ist es, dem Hund auch weiterhin die gewohnte Sicherheit zu vermitteln. Denn nur dann kann er eine feste Bindung zu Ihnen aufbauen, kann weiter lernen und zu dem Partner auf vier Pfoten heranwachsen, den Sie sich wünschen.
Damit keine Verwirrung aufkommt: Mit Sicherheit meine ich nicht, dass Sie Ihre Wohnung welpensicher machen. Dass zum Beispiel keine Kabel herumliegen, auf denen der Hund herumkauen könnte, keine wertvollen Dinge, die er beim Toben kaputt machen und keine Medikamente, die er fressen könnte. Natürlich gehört auch das dazu. Denn selbst wenn Sie alles richtig machen: Ihr Welpe wird in den nächsten Wochen und Monaten sicher irgendetwas »anstellen«, von dem Sie wenig begeistert sind. Das lässt sich einfach nicht verhindern. Wie gesagt, er ist noch ein (Hunde)Kind. Ein welpensicheres Zuhause trägt immerhin dazu bei, dass weder der Welpe noch Ihr Geldbeutel allzu großen Schaden nehmen.
Worum es mir aber tatsächlich in Hinblick auf die Sicherheit geht, ist das Gefühl, das Sie

WELPENSICHERES ZUHAUSE

- Sorgen Sie dafür, dass nirgendwo Kleinzeug herumliegt, etwa Büroklammern, Nägel, Nadeln oder kleinteiliges Spielzeug (auch Plüschfiguren mit Glasaugen).
- Entfernen Sie giftige Zimmerpflanzen.
- Verwahren Sie Zigaretten (auch Aschenbecher), Reinigungsmittel, Düngemittel, Duftlampen, aber auch Schokolade (für Hunde giftig!) an Orten, an die der Welpe nicht kommt. Sichern Sie eventuell die Tür des Putzschrankes oder Küchenschränke mit gefährlichem Inhalt mit einer entsprechenden Kindersicherung.
- Verlegen Sie Elektrokabel möglichst »unsichtbar«, damit sie den Welpen auf der Suche nach Beschäftigung nicht zum Daraufherumkauen verlocken.
- Stellen Sie nie brennende Kerzen oder Räucherstäbchen auf Welpenhöhe.
- Verstauen Sie Handy, Tablett, Fernbedienung und Co ganz oben im Regal. Wenn der Welpe sie »entdeckt«, wird es nämlich nicht nur teuer, er kann auch die Kleinteile darin verschlucken. Auch die Brille sollte aus diesem Grund weg.
- Kontrollieren Sie im Garten, ob es irgendwelche Schlupflöcher im Zaun gibt. Räumen Sie außerdem auch hier alle giftigen und verletzungsgefährlichen Dinge wie Dünger, Schneckenkorn, Insektenschutzmittel, Motorenöl, Frostschutzmittel, Mäusefallen oder scharfe Gartengeräte sicher weg.
- Lassen Sie keine teuren Schuhe, Handtaschen oder Kleidungsstücke herumliegen. Dem Welpen passiert zwar nichts, wenn er auf ihnen herumkaut, ärgerlich ist es aber trotzdem. Und das belastet die Beziehung unnötig.

Welpen werden von allem, was dreckig macht, magisch angezogen. Schimpfen hilft nichts, Nachsicht schon.

Feste Strukturen, klare Regeln und viel Körperkontakt geben Welpen Halt – nicht nur im wörtlichen Sinn.

Ihrem Welpen geben müssen. Er möchte sich bei Ihnen genauso aufgehoben fühlen wie in seiner alten »Familie«. Und das kann er nur, wenn Sie sich selbst die Rolle des »Clanchefs« zuweisen.

Ich weiß aus meiner langjährigen Erfahrung, wie schwer sich viele Menschen damit tun, den Chef rauszukehren. Was meiner Meinung nach daran liegt, dass diese Rolle in unseren Köpfen tendenziell eher negativ besetzt ist. Viele denken bei »Chef« erst mal an eine dauergestresste, unentspannte, vielleicht sogar cholerische Person, der man es so gut wie nie recht machen kann und der man daher möglichst aus dem Weg geht. Dabei ist ein guter Chef doch genau das Gegenteil von herrisch und unberechenbar – und das gilt nicht nur fürs Berufsleben. Auch in einem Hunderudel ist nicht automatisch derjenige der Anführer, der am stärksten, größten, lautesten oder furchteinflößendsten ist. Denn aufpassen oder potenzielle Feinde vertreiben, das kann auch ein anderer. Viel wichtigere »Chefqualitäten« sind, Ruhe in die Truppe zu bringen, Streit zu schlichten und so für ein Umfeld zu sorgen, in dem sich alle sicher fühlen. Denn nur dann kann jeder einzelne Hund die Aufgabe erledigen, die das Fortbestehen des Rudels sichert. Und vor allem fühlt sich nur dann jedes einzelne Rudelmitglied wohl in seiner Haut und kann, wenn man das so sagen will, glücklich sein.

So viele Bedürfnisse unter einen Hut zu bringen erfordert vom Rudelchef vor allem ein großes Maß an innerer Ruhe und Gelassenheit. Sie ist es, die für Stabilität in der Gruppe sorgt. Ein nervöser, ängstlicher oder aufgeregter Anführer hätte ganz schnell auch eine nervöse, ängstliche oder aufgeregte Truppe hinter sich. Und in so einem Klima ist alles andere als ein entspanntes Leben möglich. Und Lernen schon gar nicht. Doch genau das müssen Welpen.

Souveräner Mensch, souveräner Welpe

Auch Ihr Welpe wuchs bisher in solch einem sicheren »System« auf. Er kennt es also nicht anders. Aber in dem Moment, wo Sie ihn zu sich holen, sind die anderen Hunde weg. Plötzlich ist keiner mehr da, an dem man sich orientieren kann. Und es ist keiner mehr da, der alles im Blick behält und notfalls für Ruhe und Ordnung sorgt, wenn es die Welpen mal zu bunt treiben. Selbst die Draufgänger unter den Welpen brauchen die Sicherheit der Gruppe. Sie brauchen genauso einen, der ihnen zeigt, wie sie sich richtig verhalten. Sie sind vielleicht die Anführer unter ihren Geschwistern, aber noch lange keine Chefs.

Damit Ihr Welpe nicht die Orientierung verliert, muss also schnell ein neuer »Anführer« her. Und das sind Sie! Sie tragen ab nun die Verantwortung für ihn und müssen ihm zeigen, wo es im Leben langgeht. Genauer gesagt: wo es in Ihrem Menschenleben langgeht. Schließlich soll sich der Welpe optimal daran anpassen. Nur dann gibt es in Zukunft keine Probleme – weder unter Ihnen beiden noch mit anderen Hunden und Menschen.

Ich finde nämlich, man darf nie vergessen, dass andere vielleicht Verhaltensweisen stören, über die man selbst eventuell hinwegsehen und die man tolerieren würde. Aus Liebe zu seinem Hund. Womit ich, ohne es beabsichtigt zu haben, schon bei einem weiteren Missverständnis bin: Leider verhalten Menschen sich aus Liebe nämlich sehr oft so, dass der Hund sich gar nicht wohlfühlt. Nicht weil sie ihn zu fest knuddeln oder sogar küssen würden. Das macht einem souveränen Hund nichts aus. Aber wenn Hunde ständig machen dürfen, was sie wollen und es keine festen Regeln gibt, wenn man ihnen ständig alles nachsieht, fühlen sie sich nicht

Hochspringen ist für Welpen völlig normal. Man muss es ihnen nur rechtzeitig abgewöhnen.

geliebt, sondern verunsichert. Denn so ein »zügelloses« Leben ist eben genau das Gegenteil von dem, was ihrer Natur entspricht. Hunde brauchen feste Strukturen und Konstanten, an denen sie sich orientieren können. Nur dann fühlen sie sich wohl. Ihr Welpe macht da keine Ausnahme. Bisher kennt er es auch gar nicht anders. Warum sollten Sie es also ändern?

MIT GUTEM BEISPIEL VORAN

Aber noch mal: Verantwortung zu übernehmen heißt nicht, dass man sich herrisch aufführen und herumschreien muss, während alle anderen kuschen. Wer sich so verhält, würde das eben angesprochene schlechte Chef-Image nur bestätigen.
Meiner Meinung nach sollte, wer Verantwortung trägt, lieber mit gutem Beispiel vorangehen. Ich habe nämlich noch nie erlebt, dass ein souveräner Hundehalter ernsthafte Probleme mit seinem Vierbeiner hat. Wenn der Mensch sicher, ruhig und gelassen ist, ist es der Hund automatisch auch.
Wobei Gelassenheit nicht heißt, dass einem etwas nichts wichtig oder vielleicht sogar alles egal wäre. Es bedeutet auch nicht, dass man einfach nachgibt, wenn irgendetwas nicht auf Anhieb klappt. Gerade beim Welpen tut es das oft nicht. Er muss ja noch lernen und hat quasi das biologische Recht, nicht alles sofort aus dem Effeff zu beherrschen. Genauso wie ein kleines Kind.
Gelassenheit bedeutet, auf seinem Standpunkt zu bestehen, ihn aber nicht ungeduldig einzufordern, sondern eine Atmosphäre zu schaffen, die den Bedürfnissen und den Möglichkeiten eines Welpen gerecht werden. Welpen brauchen Stukturen und Regeln, an denen sie sich orientieren können. Und sie brauchen Menschen mit Intuition und viel Bauchgefühl, die sie ihnen art- und altersgerecht vermitteln. Auch hierin ähneln sie Menschenkindern.

»Die wichtigste ›Charaktereigenschaft‹, die ein Hundehalter braucht, ist Souveränität. Das wichtigste Gefühl: Intuition.«

Das allererste und wichtigste bei der Welpenerziehung ist also, selbst ein gewisses Maß an Souveränität an den Tag zu legen. Sich nicht ablenken zu lassen und bei der Sache zu sein. Denn wenn der Welpe die meiste Zeit über das Gefühl hat, dass Sie sich um ganz andere Dinge kümmern als um ihn, verunsichert ihn das. Er muss dann ständig abchecken, was geht, und kann sich nicht auf die Dinge konzentrieren, die wirklich wichtig sind.

WIE LERNEN FUNKTIONIERT

Ein Welpe, der sich bei Ihnen nicht sicher fühlt, kann nicht lernen, was Sie von ihm wollen. Sie können mit ihm dann bis zum Umfallen irgendwelche Dinge üben, es wird nicht das gewünschte Ergebnis bringen.

Lernen gelingt nur dann, wenn es in den Alltag integriert wird. Wenn sich der Welpe, wie in den vergangenen Wochen auch, von anderen abschauen kann, wie das Leben »funktioniert«. Dazu aber muss klar sein, welche Rolle ihm in der Familie zugedacht ist, welchen Platz er einnehmen soll. Anderenfalls ist er viel zu viel damit beschäftigt, selbst für ein Umfeld zu sorgen, in dem er sich einigermaßen entspannen kann. Damit aber erreicht er leider genau das Gegenteil: Er wird immer unentspannter. Sicher eine der schlechtesten Voraussetzungen fürs Lernen.

Mag sein, dass der Welpe trotzdem lernt abzuklatschen, sich für ein Leckerli am Boden herumzukugeln oder Männchen zu machen. Ein souveräner Hund ist er aber deswegen noch lange nicht. Dazu fehlt ihm einfach das Gefühl, dass er sich keinen Kopf zu machen braucht. Er muss viel zu oft befürchten, dass sein Mensch nicht in der Lage ist, in dem Maß für Ruhe und Sicherheit zu sorgen, die er braucht, um sich wohlzufühlen. Und die er braucht, um sich so zu benehmen, wie wir es gern hätten. Damit er ausgeglichen ist, sich gut mit anderen Hunden und Menschen versteht, nicht ständig bellt, beim Gassigehen nicht abhaut und auch mal allein zu Hause bleibt, ohne die halbe Wohnung zu zerlegen oder die Nachbarschaft in Grund und Boden zu jaulen. So gesehen sind »schlechte« Eigenschaften wie Dauerkläffen, An-der-Leine-Zerren, Sich-nicht-mit-anderen-Hunden-Vertragen oder Sachen-kaputt-Machen stets ein Zeichen dafür, dass ein Welpe sich nicht ausreichend sicher und aufgehoben fühlt. Und dass die Bindung zu seinem Menschen (noch) nicht stark genug ist.

Was willst du? Welpen beobachten sehr genau und lernen aus den Reaktionen ihres Menschen.

Das gilt übrigens auch für erwachsene Hunde. Aber Sie haben sich ja für einen Welpen entschieden. Das macht es so einfach: Ihr Hund bringt alles mit. Sie müssen nur seine natürlichen Instinkte »füttern«, vor allem sein Bedürfnis nach Sicherheit. Was bei Welpen wiederum nicht schwerfällt. Sie wecken ohnehin schnell den Beschützerinstinkt in uns. Deshalb fällt es eigentlich doch ganz leicht, Verantwortung zu übernehmen. Und damit die Bindung immer mehr zu stärken und dem Welpen klarzumachen: Du gehörst zu mir. Und ich zu dir. Wenn Ihr Welpe spürt, dass Sie die Verantwortung übernehmen, ist es nicht schlimm, dass sich seine Welt von heute auf morgen komplett verändert. Er gewöhnt sich schnell um. Weil er sich sicher fühlt. Und schon sehr bald will er nirgendwo anders mehr leben als bei Ihnen!

DER ERSTE GEMEINSAME TAG

Endlich ist es so weit: Ihr Welpe zieht bei Ihnen ein. Genießen Sie die ersten gemeinsamen Stunden im neuen Zuhause und nutzen Sie sie gleichzeitig, um liebevoll erste Bande zu knüpfen.

Was bedeuten all diese Informationen nun für die Praxis? Zunächst einmal, dass Sie erkennen müssen, dass vernünftige Welpenerziehung zwar im Kopf beginnt. In Ihrem Kopf. Sie müssen sich klar darüber werden, dass Sie ab nun die Verantwortung tragen. Gleichzeitig sollten Sie ein gesundes Bauchgefühl dafür entwickeln, was Sie Ihrem Welpen zumuten können und was nicht.

Das Wichtigste aber ist: Die Erziehung eines Welpen beginnt nicht irgendwann, nachdem er sich ein paar Wochen bei Ihnen eingewöhnt hat. Und erst recht nicht beginnt sie, wenn er alt genug für die Hundeschule wäre. Nein, sie beginnt ab dem Moment, in dem Sie den jungen Hund aus seinem gewohnten Umfeld nehmen. Zu sich! Sie beginnt, indem Sie dem neuen Familienmitglied helfen, eine gute Bindung zu Ihnen aufzubauen. Wie gesagt: Ohne Bindung läuft nämlich gar nichts.

Alles auf Anfang

Ein Welpe, der unter guten Bedingungen bei seiner Mutter, seinen Geschwistern und liebevollen Menschen aufwachsen durfte, hat schon viel kennengelernt und ist mehr als bereit, eine Beziehung zu einem oder mehreren Menschen einzugehen. Ein klarer Vorteil für Sie, denn Sie wollen ja genau dasselbe. Nutzen Sie diese Chance, indem Sie schon beim Abholen und noch mehr, wenn Sie das neue Zuhause erreicht haben, dafür sorgen, dass sich der Welpe bei Ihnen sicher und aufgehoben fühlt.

Klar, der erste Tag und die erste Nacht sind immer ein Ausnahmezustand. Sie sind immer speziell und bei jedem Hund anders. Und für jeden Menschen auch. Schließlich ist für Sie erst einmal alles genauso neu wie für Ihren Welpen. Bleiben Sie trotzdem möglichst gelassen. Fürs Erste genügt es, den Winzling einfach so wenig wie möglich aufzuregen und ihm stattdessen viel Ruhe zu geben – und ganz viele Streicheleinheiten. Tun Sie das, worauf Sie sich vermutlich schon seit Wochen freuen und kuscheln Sie ausgiebig miteinander. Das ist nicht nur für Sie wunderschön. Auch er braucht den Körperkontakt. Er ist es ja genau so gewohnt. Wie schon gesagt, schüttet der Körper beim Kuscheln außerdem eine Extraportion Bindungshormon Oxytocin aus – und zwar nicht nur bei

Fahrt ins Ungewisse: Noch weiß der Welpen nicht, was ihn im neuen Zuhause erwartet. Manche sind sehr aufgeregt.

Ihnen. Wissenschaftler haben herausgefunden, dass durch engen Kontakt auch im Hund die Oxytocinproduktion kräftig angekurbelt wird. Die gegenseitige Hormondusche wirkt also entsprechend bindungsfördernd und sorgt über eine Art Rückkopplung für dauerhaft positive Gefühle. Sie sehen: Welpenschmusen lohnt sich.

Doch so wichtig gemeinsames Kuscheln für die Bindung ist: Der Welpe sollte auch sehen, wie das gemeinsame Leben funktionieren wird. Sie sehen: Es fängt gleich an mit dem Erziehen. Er braucht möglichst schnell klare Strukturen (mehr dazu ab Seite 61). Nur dann fühlt er sich wohl und kann richtig ankommen. Er erwartet, dass Sie für ihn sorgen und für ihn da sind. Alles, was bisher für ihn normal war, ist weg. Und das Neue ist erst mal nur eins: ungewohnt. Aber er will und wird lernen. Er ist bereit für Veränderungen. Dazu jedoch braucht er Sie, damit Sie ihm zeigen, wie der Hase läuft. Und das geht nur, wenn Sie sich eindeutig verhalten.

Die Fahrt nach Hause

Natürlich sollten Sie alles tun, damit die Fahrt in das neue Zuhause für Ihr neues Familienmitglied möglichst stressfrei verläuft und es relativ entspannt bei Ihnen ankommt. Vermutlich hat man Ihren Welpen ohnehin schon längst ans Autofahren gewöhnt, und er hat kein Problem damit. Idealerweise legen Sie die Fahrt trotzdem auf die Zeit, in der der Welpe normal schlafen oder sich ausruhen würde. Dann ist er von sich aus schon ein wenig ruhiger. Auch gut ist, wenn er kurz vorher nichts mehr frisst. Das reduziert das Risiko, dass ihm schlecht und er nervös wird. Am sichersten fährt Ihr Welpe in einer Hundebox auf dem Rücksitz. Dort ist er gut aufgehoben, und Sie haben über den Spiegel alles im Blick. Wenn Sie nicht selbst fahren müssen, dürfen Sie sich auch neben ihn setzen und eine Hand in die Box halten, damit er spürt, dass Sie da sind. So können Sie auch mal beruhigend auf ihn einwirken, wenn er sehr jammern sollte. Zu viel würde ich aber gar nicht machen, denn dann wird es schnell

hektisch, und diese aufgeregte Stimmung überträgt sich auch auf den Hund.
Damit es ein bisschen kuscheliger ist, legen Sie eine Decke in die Box – oder noch besser eine Einwegwickelunterlage für Babys. Sollte der Welpe sich doch übergeben oder Pipi machen, können Sie kurz anhalten und die Einlage einfach austauschen.
Wenn Sie länger als zwei Stunden unterwegs sind, sollten Sie zwischendurch unbedingt eine Pause machen (vielleicht nicht gerade an einem total überfüllten Rastplatz) und den Welpen kurz rauslassen. Angeleint! Er wird zwar ohnehin bei Ihnen bleiben, denn er hat viel zu viel Angst, allein gelassen zu werden. Aber es kann immer sein, dass er erschrickt und weghüpft … Sicher ist sicher!
Warten Sie, bis er ein bisschen in der Gegend herumgeschnüffelt und sich gelöst hat, bieten Sie ihm in einem Napf etwas mitgebrachtes Wasser an – und dann kann die Fahrt auch schon wieder weitergehen.
Machen Sie sich vor allem keinen Stress, selbst wenn der Welpe nicht so entspannt ist, wie Sie es sich erhofft haben. Es muss nicht alles auf Anhieb klappen. Und zu Ihrer Beruhigung: Ich habe noch nie eine Mensch-Hund-Beziehung erlebt, die am Nach-Hause-Holen gescheitert wäre.

Erst mal ankommen lassen

Geschafft! Die Fahrt ist überstanden. Sie stehen vor Ihrem Haus. Das Erste, was der Welpe jetzt tun darf, ist wieder ein bisschen herumschnüffeln und Pipi machen (wieder an der Leine). Das muss nicht lang dauern, ein paar Minuten reichen. Sonst ist es ohnehin zu viel Information auf einmal. Und deshalb geht es lieber zügig nach drinnen.
Weil spätestens jetzt auch der entspannteste Welpe merkt, dass sich gerade irgendetwas in seinem Leben gewaltig verändert, ist es wichtig, ihm das erste Mal ein echtes »Wir-Gefühl« zu vermitteln. Ich verrate Ihnen daher, wie ich es mache, wenn ein Welpe bei mir einzieht – und wie ich es vor ein paar Wochen auch bei meinen beiden Familienneuzugängen wieder gemacht habe.

Das ist jetzt dein Zuhause! Der Welpe braucht Ruhe, um anzukommen – und das Gefühl, bei seiner Familie zu sein.

Es ist ein unbeschreibliches Gefühl, wenn der Welpe das allererste Mal so nah neben einem schläft.

ICH SCHENKE DIR RUHE!

Schon vorher habe ich mir überlegt, wo Bettys und Ellys Platz sein sollte. Wo ihr Körbchen stehen oder ihre Matratze liegen soll. Ich suche dafür nicht gerade eine Stelle aus, von der sie in alle Zimmer sehen können oder an der immer verhältnismäßig viel los ist, weil man immer daran vorbeilaufen muss, um von A nach B zu kommen. Es ist besser, wenn der Welpe etwas abseits liegt, dann tut er sich leichter abzuschalten.
Als ich dann mit Betty heimkam, brachte ich sie in das Zimmer, in dem ihr Platz war und legte mich hin – genau auf ihren Platz (natürlich so, dass sie auch noch ein bisschen Platz hatte). Und dann wartete ich ab. Ich rief sie nicht zu mir oder lockte sie anderswie, sondern lag einfach nur da und schaute ihr zu, was sie machte. Und das ist eigentlich dasselbe, was jeder Welpe macht: Sie schaute sich ein wenig um, schnüffelte herum und kam dann ziemlich bald auch zu dem Platz, an dem ich lag. Ich machte immer noch gar nichts. Auch als sie anfing an mir herumzuschnüffeln, auf mich zu klettern oder an mir rumzuknabbern, reagierte ich nicht. Ich streichelte sie nicht, sprach sie nicht an, schubste sie nicht weg. Ich war einfach ruhig und da. So lange, bis sie es kapierte und sich zu mir legte (oder halb auf mich drauf, Gruppenkuscheln ist schließlich wunderbar). Sie stand dann noch mal auf, drehte sich ein paarmal und »rüttelte« sich bequem. Aber irgendwann lag sie ebenfalls einfach nur ruhig da. Das war der Moment, auf den ich gewartet hatte. Jetzt begann ich, sie sanft zu streicheln und hinter den Ohren zu kraulen. Warum erst dann? Ganz einfach: Erst wenn der Welpe ganz ruhig ist, kann er die Berührungen genießen. Vorher wäre es viel zu aufregend, und ich würde damit seine innere Unruhe (Wo bin ich hier? Wo sind die anderen?) eventuell zusätzlich verstärken. Nun aber war Betty entspannt. Sie konnte entspannen, weil ich entspannt war. In diesem Moment waren wir beide auf einer Wellenlänge. Damit legte ich einen ganz wichtigen Grundstein für unsere Beziehung. Und quasi nebenbei habe ich meinem Welpen eine erste Lektion in Sachen Ruhe-und-Sicherheit-Geben erteilt. Die er sofort verstanden hat.

DARF DER HUND AUFS SOFA?

Ob der Hund auf Ihr Sofa darf, ist eine sehr persönliche Entscheidung. Als SEINEN Platz würde ich jedoch eher einen anderen empfehlen. Schließlich wollen Sie den Hund später auch einmal dorthin schicken, wenn er stört oder Sie kurz Ihre Ruhe haben wollen. Und dabei vielleicht selbst auf der Couch liegen wollen. Genauso sollte SEIN Platz für den Hund ein Ort der Ruhe und Sicherheit sein, an den er sich aus eigenen Stücken jederzeit zurückziehen kann. Ob er dann gerade dorthin will, wo Sie vielleicht mit Freunden Fußball schauen?

Nachts ideal: eine Box am Bett. Man ist sich nah, und bemerkt schnell, wenn der Hund mal muss.

Denn so instinktiv funktioniert Lernen auf Hundeart. Und so instinktiv entsteht auch eine gute Bindung.

Und wie geht es weiter? Ich würde Ihnen raten, einfach gemütlich liegen zu bleiben und dieses großartige Gefühl der innigen Zweisamkeit in vollen Zügen zu genießen. Machen Sie ruhig auch ein Nickerchen, falls der Welpe einschlafen sollte. Oder schauen Sie zu, wie entspannt er nun schläft. So bekommen Sie eine erste Ahnung, wie schön das Leben mit Ihrem Hund sein wird.

Die erste Nacht

Der erste Tag im neuen Zuhause ist für Welpen oft so aufregend, dass sie gar nicht groß merken, dass irgendetwas fehlt. Aber spätestens wenn sie abends schlafen sollen, ist damit Schluss. Bisher lagen sie immer mit allen Geschwistern zusammengekuschelt in einem Pulk. Jetzt ist da nichts als Dunkelheit, ein fremder Ort mit fremden Gerüchen und Geräuschen und ein Mensch, der zwar schwer in Ordnung zu sein scheint, den man aber auch noch nicht besonders lange kennt.

Es ist also nur zu verständlich, wenn der Welpe abends anfängt herzzerreißend herumzujammern. Sie sollten deswegen nachsichtig sein. Bleiben Sie in der ersten Nacht – wenn Sie das Gefühl haben, er braucht es, auch länger – in seiner Nähe. Er riecht und hört Sie, Sie können Ihre Hand zu ihm strecken … Ein Welpe muss genauso wie ein kleines Kind erst lernen, allein einzuschlafen. Das geht beim einen ganz schnell, beim anderen dauert es vielleicht ein bisschen länger. Aber alle schaffen es irgendwann. Nach und nach können Sie also Ihre eigene Schlafstätte und die des Hundes räumlich wieder voneinander trennen – bis er dort schläft, wo Sie es sich vorgestellt haben. Weil er weiß, dass Sie auch dann da sind, wenn Sie nebenan liegen.

DIE SACHE MIT DER BOX

Die Box hatte ich Ihnen ja schon für den Transport nach Hause ans Herz gelegt. Sie ist aber überhaupt ein sehr praktisches Hilfsmittel bei der Erziehung von Welpen, auch wenn es ums Schlafen geht. So sehr viele Menschen sie als einen Käfig empfinden mögen: Hunde, auch Welpen, haben mit den Dingern überhaupt kein Problem. Sie finden sie sogar gemütlich und fühlen sich darin sehr sicher. Wie in einer Höhle. Und so ein Sich-geborgen-und-sicher-Fühlen erleichtert das Einschlafen. Vor allem wenn die Box dann noch neben Ihrem Bett steht (oder Sie sich vorübergehend ein »Lager« bei der Box bauen). Die Box hat aber noch einen weiteren Vorteil: Wenn der Welpe nachts mal muss (und das wird er, weil seine Blase noch zu klein ist, um so viele Stunden durchzuhalten), wird er sich bemerkbar machen. Er ist schließlich schon so groß, dass er nicht mehr direkt an seinen Schlafplatz machen will. Das hat er auch daheim nicht mehr gemacht.

Wenn er einfach so neben Ihnen liegt, könnte er sich unbemerkt davonmachen, sich in irgendeiner Ecke erleichtern und dann einfach weiterschlafen. In der Box geht das nicht, sodass Sie ihn kurz rausbringen können, wenn er sich meldet. Die Box hilft also sogar beim Stubenreinwerden. Daher würde ich den Welpen auch dann noch nachts darin lassen, wenn er nicht mehr direkt neben mir schlafen muss. Lieber stehe ich die ersten Tage ein- oder zweimal nachts auf und lasse ihn zum Pinkeln raus. So lange, bis er wirklich verstanden hat, dass er nur draußen sein Geschäft verrichten soll. Wobei: Manche Hunde finden es in der Box so gemütlich, dass sie sie lebenslang zu IHREM Platz machen. Das ist natürlich auch in Ordnung.

IM BETT SCHLAFEN

Ich werde ganz oft gefragt, ob es in Ordnung ist, wenn man den Welpen in den ersten Nächten einfach mit zu sich ins Bett nimmt. Doch darauf gibt es keine richtige oder falsche Antwort. Das ist eine Entscheidung, die jeder Hundehalter für sich treffen muss. Nur eins kann ich Ihnen versichern: Wie beim Sofa sagt es überhaupt nichts über das Verhältnis zwischen Zwei- und Vierbeiner aus, wenn der Hund mit im Bett schläft. Man sollte sich aber rechtzeitig darüber Gedanken machen, ob es einem auch noch in ein paar Jahren gefällt …

Eine Freundin hat sich zum Beispiel als Kind nichts sehnlicher gewünscht, als dass ihr Hund mit ihr in ihrem Bett schliefe. Aber ihre Eltern haben das nicht erlaubt. Als sie zu Hause auszog, konnte sie sich ihren Traum endlich erfüllen. Sie schwört noch heute darauf, dass ihr Welpe abends nicht auch nur ansatzweise gejammert hätte – nicht einmal in der allerersten Nacht. Der ehemals kleine Welpe ist schon lange ein ausgewachsener Briard, aber meiner Freundin macht das nichts aus. Sie hat sich ein größeres Bett gekauft und ist glücklich.

Was ich damit sagen will, ist, dass jeder für sich entscheiden muss, mit wem er die nächsten Jahre sein Bett teilen will. Aber Sie sollten sich sehr genau überlegen, was es bedeutet, den Hund ins Bett zu holen.

WELPENWOCHE DREI BIS ACHT: DIE WICHTIGE PRÄGEPHASE

In den ersten Lebenswochen verändert sich so viel wie niemals wieder. Aus hilflosen kleinen Fellknäueln werden eigenständige Hundepersönlichkeiten, die sich von Tag zu Tag weiterentwickeln und bereit sind, die Welt zu erobern.

Noch immer findet das Leben vor allem im Pulk statt. Gemeinsam fühlen sich die Welpen sicher.

Drei Wochen waren seit der Geburt vergangen, und meine Welpen wurden jeden Tag ein bisschen unabhängiger. Ich wollte natürlich alles tun, damit sie sich bestmöglich entwickeln. Erfahrungen, die Welpen in dieser Phase machen, prägen sie schließlich ihr Leben lang. Ich musste ihnen also immer wieder die Gelegenheit geben, Neues kennenzulernen und neue Erfahrungen zu machen. Was zum Teil ganz automatisch geschah, indem ich ihr Territorium mehr und mehr erweiterte.

DIE SOZIALISATION BEGINNT

Auch die Geschwister wurden immer interessanter. Einer nach dem anderen merkte, dass man nicht nur prima miteinander kuscheln, sondern auch herumtoben und sich von Zeit zu Zeit ordentlich fetzen kann. Gerade diese Machtkämpe helfen den Welpen, sich selbst in der Gruppe zu finden. Weil ich so viele Stunden mit ihnen verbrachte, konnte ich zu diesem frühen Zeitpunkt bereits erkennen, wie verschieden die Hunde sind. Ich sah damals schon, wer der sicherste von den fünfen ist und wer der schüchternste – und welche drei dazwischen liegen.
Ich erkannte in dieser Zeit viele Verhaltensweisen wieder, die man von Wölfen kennt, wie zum Beispiel das Zähnezeigen oder das Jaulen (sogar meine anderen Hunde jaulten dann mit, obwohl sie das bisher nie getan hatten). Mir als »Hundemutter« kam die Aufgabe zu, die Welpen daran zu erinnern, dass sie sich nicht in Machtkämpfe reinsteigern. Erziehung ist nämlich nicht nur Menschensache.
Ungefähr ab der fünften Woche haben sich

Wer seine Ruhe will, zieht sich jetzt aber auch schon mal zurück. Allerdings nur für kurze Zeit.

dann auch meine anderen erwachsenen Hunde an die Welpen herangetraut. Bis dahin hielt sie ihr natürlicher Instinkt davon zurück, schließlich lässt eine Hündin außer vertrauten Menschen niemanden ihren Welpen zu nahe kommen. Offensichtlich entwickelten sich auch meine Kleinen ganz normal. Denn sie präsentierten sich den »Alten« so wie es sich gehört, zogen die Rute ein, pieselten, leckten ihnen das Maul. Und ich war froh, dass alles so war, wie es sein sollte.

DIE ERSTE FESTE NAHRUNG

Um die vierte Woche herum kam dann die nächste große Umstellung. In diesem Alter beginnen die Welpen sich langsam an feste Nahrung zu gewöhnen. Aber auch wenn große Hunde nichts lieber tun, als sich den Bauch vollzuschlagen: Für einen Welpen ist festes Futter erst einmal völlig neu. Er weiß nicht, was er damit anfangen soll. Ich wusste jedoch schon seit meiner Kindheit, dass man einem jungen Hund das Fressen »beibringt«, indem man ein bisschen Futter in die Hand nimmt und es ihn abschlecken lässt. Nach und nach konnte ich sie auf diese Weise daran gewöhnen, aus dem Napf zu fressen. Ein weiterer Meilenstein in der Entwicklung.

So stolz ich auf meine Welpen war, merkte ich doch, dass die erwachsenen Hunde ab und zu durchaus auch von ihnen genervt waren. Und dass es zum Teil auch meine Aufgabe war, sie vor ihnen zu »schützen«. Indem ich die Welpen immer wieder in ihre Schranken wies, so wie es ihre Mutter tun würde. Das machte mir einmal mehr klar, dass sie mich noch lang brauchen würden. (Auf Seite 102 und 103 erfahren Sie, wie sich meine Welpen weiter entwickelten).

Fressen ist immer noch das Größte, das ist bis heute so. Allerdings geht es um einiges gesitteter zu.

STRUKTUR
GEBEN

Einfach so in den Tag hineinzuleben ist nichts für Welpen. Sie mögen es viel lieber, wenn der Alltag einem klaren Rhythmus folgt. Das erleichtert ihnen das Lernen sehr – und festigt nebenbei die Bindung immer weiter.

WARUM STRUKTUR SO WICHTIG IST

Hunde sind Gewohnheitstiere. Alles fällt ihnen leichter, wenn sie einer gewissen Struktur folgen dürfen. Für Sie wird es dadurch ebenfalls leichter. Denn der Welpe lernt vieles einfach so, ganz nebenbei.

Der erste Tag und die erste Nacht sind etwas ganz Besonderes. Aber spätestens am nächsten Morgen ist es fast schon »normal«, dass der Haushalt um ein Mitglied auf vier Pfoten angewachsen ist. Das ist gut, denn Normalität ist das Beste, was Sie Ihrem Welpen geben können. Eingeübte Abläufe vermitteln ihm Sicherheit und Geborgenheit.

> *»Stress blockiert, Strukturen machen den Kopf frei.«*

So neugierig und unternehmungslustig Welpen auch auf uns wirken mögen: Sie haben einfach noch nicht so viel erlebt und werden daher von neuen Eindrücken manchmal regelrecht überwältigt. Natürlich kann jeden Tag etwas Neues passieren, und es darf dabei auch mal chaotisch werden. Genauso wichtig ist es aber auch, zum Beispiel mit festen Essens- und Ruhezeiten für eine gewisse Grundstruktur zu sorgen. Alles, was der Welpe wiedererkennt, hilft ihm, sich im Alltag zu orientieren und sicherer zu fühlen.

Wie Hunde leben

Wie Babys und kleine Kinder fühlen sich auch Welpen mit einem geregelten Tagesablauf am wohlsten. Das liegt in ihrer Natur. Straßenhunde zum Beispiel leben nicht einfach ins Blaue hinein. Sie müssen zwar jeden Tag aufs Neue schauen, woher sie etwas zu Fressen bekommen, werden ständig irgendwo weggescheucht und müssen sich dann ein anderes Lager suchen. Dennoch folgt auch ihr Tag einem strengen Rhythmus: Haben sich nach der erfolgreichen Futtersuche alle satt gefressen, wird diese aktive Phase von einer Phase der Ruhe und Entspannung abgelöst. Man spielt, döst und schläft, bis es nach ein paar Stunden wieder Zeit ist, Futter zu besorgen. Jeder Tag wird so von einem immer wiederkehrenden, gesunden Rhythmus

Beim Spazierengehen kann man viel erleben und lernen, etwa dass es noch andere Vierbeiner gibt als Hunde.

strukturiert. Er gibt den Tieren auch in unsicheren Situationen Halt, weil jeder weiß, was er als Nächstes zu tun hat. Das stärkt das Selbstvertrauen und das Gruppengefühl. Eine feste Struktur ist also absolut nichts Schlechtes, auch wenn manche Menschen mit diesem Begriff eher Zwang verbinden als Wohlgefühl. Ihr Welpe braucht sie sogar! Daher sollten Sie versuchen, im gemeinsamen Alltag einen Rhythmus zu entwickeln, der dem des natürlichen Umfelds so nahe wie möglich kommt.

Den Alltag strukturieren

Ein geordneter, immer wiederkehrend gleicher Tagesablauf erleichtert es Ihrem neuen Familienmitglied enorm, sich bei Ihnen einzuleben. Fast alles ist einfacher für ihn, wenn er sich »stur« nach Plan richten kann. Wenn jeder Tag in etwa gleich verläuft, hat Ihr Welpe das Gefühl, dass Sie alles unter Kontrolle haben. Dadurch fühlt er sich bei Ihnen sicher, und das verstärkt die Bindung.
Und ganz nebenbei: Auch für Sie ist es einfacher. Schließlich müssen auch Sie lernen. Der Alltag mit einem Welpen ist anders als bisher. Aber mit der Zeit entwickeln Sie ein Bewusstsein dafür, was Ihr Welpe braucht. Er zeigt Ihnen nämlich ununterbrochen, was ihm guttut, wie er tickt und welche Regeln ihm helfen. Sie müssen nur lernen, diese Zeichen zu verstehen. Und wenn sich die Situationen, die Sie gemeinsam erleben, nicht ständig ändern, ist das deutlich einfacher.

WIEDERKEHRENDER RHYTHMUS

Am besten strukturiert man den Tag, indem man ihn in vier Einheiten unterteilt:

- Der Welpe wacht auf und muss sofort raus, um sich zu lösen.
- Hat er sein Geschäft erledigt, unternehmen Sie etwas mit dem Welpen oder gehen mit ihm spazieren.
- Zurück zu Hause wird er gefüttert.
- Anschließend ist es wieder Zeit zum Ausruhen und Schlafen – oder zum Lernen.

Dieses »Programm« findet dreimal täglich statt: morgens, mittags und abends – anfangs je nach Alter des Welpen vielleicht auch öfter.

Denn ein junger Hund kann sein Geschäft noch nicht so lang halten und muss daher öfter raus (siehe auch ab Seite 69). Richten Sie sich möglichst danach.
Den Tag von Anfang an so zu strukturieren hilft Ihrem Welpen, sich besser zu orientieren. Gleichzeitig zeigt es Ihnen beiden, was Sie erwartet, wenn der Hund älter wird. Wohnen Sie zum Beispiel in der Stadt und wissen, dass Sie in Zukunft mindestens dreimal täglich mit ihm spazieren gehen werden, sollten Sie ihm dies jetzt schon »zeigen«. Das heißt: Wenn er morgens, mittags und abends aufwacht, darf er erst einmal sein Geschäft verrichten. Die Zeit danach ist dazu da, etwas zu unternehmen und zu lernen (siehe ab Seite 75). Je nach Alter sollten Sie dafür mindestens eine halbe Stunde einrechnen. Der Welpe entwickelt sich schnell, und damit ändern sich auch seine Bedürfnisse. Er braucht mehr Herausforderungen, sodass Sie die Spaziergänge zügig ausdehnen können. Ist Ihr Welpe momentan noch zu jung, um 30 Minuten lang zu laufen oder ist es mal zu heiß oder zu kalt dazu, können Sie ihn auch in eine Tasche setzen und zum Beispiel in ein Einkaufszentrum gehen, damit er andere Eindrücke bekommt. Berücksichtigen Sie immer Alter, Persönlichkeit und aktuelle Verfassung des Welpen. Folgen Sie Ihrem Bauchgefühl!
Nach dieser aktiven Zeit bekommt er sein Futter (siehe ab Seite 89). Und nach dem Füttern fährt dann, wie bei wilden Hunden, der Aktivitätspegel herunter. Es ist Zeit für den Welpen auszuruhen. Jetzt ist auch eine gute Gelegenheit für ruhige Kuscheleinheiten, um zwischendurch mal wieder ein bisschen Oxytocin zu tanken. Ihr Welpe kann Ihre

»Bevor ich eine Straße überquere, setze ich mich hin«: Soll der Welpe das lernen, zeigt man es ihm von Anfang an so.

Liebesbeweise in ruhigen Phasen viel mehr genießen als in aktiven. Da pushen sie ihn nämlich schnell mal zu sehr hoch. Bringen ihn aus der Ruhe, statt ihn zu beruhigen.
Sie können die Auszeit außerdem gleich wieder für die »Erziehung« nutzen. Es gibt nämlich keinen besseren Zeitpunkt, um einen jungen Hund daran zu gewöhnen, dass er in Zukunft auch mal allein bleiben muss (siehe ab Seite 95). Was er übrigens selbst dann können sollte, wenn Sie eigentlich immer zu Hause sind.

Die Welt zu erkunden macht müde. Daher ist nach dem Spazierengehen erst mal ausgiebiges Schlafen angesagt.

»Den Tag klar zu strukturieren ist die Basis für eine gute Beziehung und einen ausgeglichenen Hund.«

Wenn Ihr Welpe nach längerem Ausruhen wieder aktiv wird, geht alles von vorn los: Aufstehen, pinkeln, spazieren gehen, fressen, schlafen, aufstehen, pinkeln … Das ist von nun an sein Tagesrhythmus. Die klare, sich ständig wiederholende Struktur gibt ihm Sicherheit, weil er immer weiß, was als Nächstes kommen wird. Dadurch hat er den Kopf frei und kann sich auf das konzentrieren, was wirklich wichtig ist. Ganz nebenbei wird er auch noch schneller stubenrein und kann schon bald ein paar Stunden allein zu Hause bleiben.
Wenn Sie den Tag so strukturieren, werden Sie außerdem sehr schnell sehen, wie ausgeglichen und ruhig Ihr Welpe ist. Natürlich macht er auch Quatsch, er ist ein (Hunde) Kind. Aber insgesamt verhält und entwickelt er sich ganz normal. So wie es sein soll.
Struktur ist aber keine reine Welpensache. Behalten Sie sie das ganze Hundeleben lang bei. Die Dauer der verschiedenen Phasen werden sich zwar immer wieder mal ändern, die Spaziergänge länger werden, die Schlafenszeiten etwas kürzer … Aber das Fundament steht. Es schafft die Basis für Ihre Beziehung und die Bindung, die Sie zueinander aufbauen, und ist die Grundlage für erfolgreiches Lernen. Für Jung und Alt.

ZIELORIENTIERT, ABER MIT RESPEKT

So schnell ein Welpe sich auch entwickelt, ein bisschen Zeit müssen Sie ihm schon zugestehen, wenn er so viel lernen soll (dasselbe gilt natürlich auch für alle anderen Dinge, die Sie ihm im Laufe seines Lebens noch so beibringen möchten).

Ich selbst war gerade 18 Jahre alt und hatte meine erste eigene Wohnung, als ich auch meinen ersten »eigenen« Hund zu mir geholt habe (die Hunde vorher gehörten schließlich zur Familie). Und ich hatte das Glück, vier Wochen freizuhaben, ehe mein »normales« Leben wieder weitergehen sollte. Ein guter Moment, sich einen Welpen zuzulegen. Denn noch hatte ich viel freie Zeit, in der ich ihm alles zeigen und ihn an vieles gewöhnen konnte, was er kennen und können sollte, wenn ich zu arbeiten beginnen würde.

In diesem Monat konnte ich ihn ohne Druck mit meinem (und damit auch seinem) zukünftigen Tagesablauf vertraut machen, damit er verstand, wie er leben würde: Er sollte vormittags allein zu Hause bleiben, bis ich mittags für zwei bis drei Stunden nach Hause kam. Am Nachmittag musste ich dann nochmals zwei Stunden weg.

Statt den Urlaub so zu genießen, wie ich es ohne Hund vielleicht getan hätte – spät aufstehen, mich mit Freunden treffen, abends ausgehen –, organisierte ich die Tage mehr oder weniger so, wie sie ab dem darauffolgenden Monat in etwa verlaufen würden. Ich stand also morgens auf, ging mit dem Hund nach draußen, fütterte ihn, »legte ihn schlafen« und verließ, sobald er nach ein paar Tagen akzeptiert hatte, dass ich nicht ständig um ihn herumwuselte, das Haus – von Tag zu Tag ein bisschen länger. Auf diese Weise konnte sich der Welpe langsam an die Routine gewöhnen, und es war kein Schock für ihn, als mein Urlaub zu Ende war. Ich bin mir ehrlich gesagt nicht einmal sicher, ob er damals überhaupt gemerkt hat, dass sich etwas verändert hat.

Ich würde Ihnen raten, den Urlaub, den Sie sich hoffentlich nehmen, wenn Ihr Welpe bei Ihnen einzieht, ebenfalls möglichst alltagsgetreu zu gestalten. Auch wenn Sie dafür vielleicht genauso früh aufstehen müssen und genauso wenig unternehmen können wie sonst auch. Betrachten Sie die Zeit einfach weniger als Urlaub, sondern als Arbeit an einem neuen Projekt – dem Projekt »Glücklicher Hund«.

STRUKTUR TUT GUT

Feste Strukturen und Tagesabläufe sind wichtig. Sie ...

- helfen Ihrem Welpen, sich sicher zu fühlen und Ruhe zu finden.
- stärken die Bindung zu Ihnen immer weiter.
- schaffen die Voraussetzung, dass der Welpe lernt, was er können muss beziehungsweise soll.
- erleichtern es dem Welpen, stubenrein zu werden.
- unterstützen ihn dabei, das Alleinsein zu lernen.
- und tragen deshalb dazu bei, dass der Alltag möglichst bald wieder wie gewohnt läuft.

MORGENS, MITTAGS, ABENDS: AUFSTEHEN UND RAUS!

Pinkeln ist so ziemlich das Erste, was ein Welpe macht, nachdem er aufgestanden ist. Wenn Sie gut aufpassen, merkt er aber schnell, dass er sich nicht einfach in eine Ecke verziehen darf, sondern dazu ins Freie muss.

Wenn der Welpe zu Ihnen zieht, erledigt er sein Geschäft längst nicht mehr wie als Baby direkt an seinem (Schlaf)Platz. Er merkt durchaus, wenn er muss und sucht sich sein Plätzchen. Das bedeutet allerdings nicht, dass er bereits verstanden hat, dass Sie es genauso wenig mögen, wenn er an Ihren Platz, also in Ihre Wohnung, macht. Das muss er, wie so vieles, erst noch lernen. Und dazu braucht er Ihre Unterstützung.

Schneller stubenrein

Die Stubenreinheit ist eines der ganz großen Themen unter frischgebackenen Welpenbesitzern. Jeder möchte gern der sein, bei dem es am schnellsten damit klappt. Zum einen natürlich, weil es wirklich Schöneres gibt, als Pfützen und Häufchen aufzuputzen. Zum anderen strahlt aber auch ein wenig von dem »Erfolg« auf einen selbst ab. Das ist ein bisschen so wie bei Kleinkindern, die schon aufs Töpfchen gehen, wenn andere noch Windeln brauchen. Hat man nicht ein tolles Kind. Oder eben einen tollen Hund? Das ist natürlich unsinnig und auch unfair. Denn jedes Kind – egal ob Mensch oder Hund – entwickelt sich in seinem eigenen Tempo. Das eine kann das schneller, das andere dieses. Trotzdem geben viele Hundebesitzer nur ungern zu, dass es beim eigenen Hund noch nicht so richtig klappt. Dabei ist das Ganze im Grunde ganz einfach, wenn Sie sich am natürlichen Rhythmus Ihres Vierbeiners orientieren. Zwei Monate, zwei Stunden. Drei Monate, drei Stunden. Vier Monate, vier Stunden … So in etwa lautet der Takt, in dem Ihr Welpe rausmuss, um sich zu lösen. Daher unterstützen Sie mit einem konsequent strukturierten Tag auch gleich das Stubenreinwerden. Sie erinnern sich: Aufwachen, raus …

Mit jedem Monat wächst die Blase ein bisschen, und der Welpe hält es dann etwa eine halbe bis eine Stunde länger aus. Wenn Sie den Stundenrhythmus einhalten, schaffen es so eigentlich alle, relativ schnell stubenrein zu sein. Aber ganz so weit sind Sie und Ihr Welpe momentan noch nicht.

Kleiner Hund, kleine Blase

Wenn der Welpe von einer Ruhephase aufwacht, muss er sofort raus, sonst passiert ein Malheur in der Wohnung. Seine Blase ist gerade so groß, dass er ungefähr eine Einheit ohne Pinkeln durchsteht. Wacht er auf, nehmen Sie ihn daher gleich auf den Arm und tragen ihn umgehend nach draußen, damit er gar nicht erst auf die Idee kommt, irgendwo in der Wohnung nach einem geeigneten Toilettenplätzchen zu suchen.

Am besten ist es natürlich, wenn Sie ihn gleich dort absetzen, wo er auch später mal sein Geschäft erledigen soll. Also nicht unbedingt direkt vor der Einfahrt, im Blumenbeet, auf der Terrasse, mitten auf dem Gehweg oder im Spielbereich der Kinder. Sondern auf dem Grünstreifen, hinter dem Gebüsch oder im Rinnstein … Bringen Sie ihn möglichst auch jedes Mal zum selben Platz, das macht es ihm noch leichter zu verstehen, was Sie von ihm wollen.

»Wenn Sie seinem natürlichen Rhythmus folgen, wird der Welpe quasi von allein stubenrein.«

Wacht der Hund auf, heißt es: Sofort raus mit ihm, gern auch auf dem Arm. Er muss dann nämlich ganz dringend.

Noch wichtiger ist aber wirklich, dass alles nicht zu lang dauert. Am Anfang würde Ihr Welpe es einfach nicht schaffen, wenn Sie erst noch die kleine Grünfläche an der übernächsten Ecke erreichen wollten. Gartenbesitzer haben hier so gesehen einen kleinen Vorteil, einfach weil es bei ihnen meistens ein bisschen schneller geht. Sie brauchen sich im Notfall nicht mal selbst »richtig« anziehen, sondern können auch mal kurz im Schlafanzug oder Morgenmantel rausschlüpfen. Aber das sind wirklich nur minimale Pluspunkte fürs eigene Grün.
Damit es auch sonst schnell geht, würde ich zwar die Leine ans Halsband knipsen, ehe es rausgeht. Einfach zur Sicherheit, damit der

Welpe draußen nicht ausbüxt. Aber dann würde ich ihn auf den Arm nehmen und raustragen. Schnell!
Fürs bloße Geschäft-Erledigen würde ich es übrigens genauso machen, wenn es »nur« in den Garten geht. So erkennt der Welpe besser, dass es jetzt gerade nicht zu seiner »Unterhaltung« rausgeht, sondern weil er eben etwas erledigen soll. Das gilt vor allem nachts, wenn sich der Hund wirklich nur kurz lösen und dann gleich wieder weiterschlafen soll. Oder auch, wenn er nur noch einmal kurz raus soll, ehe die Ruhephase beginnt. Denn nicht alle halten es ohne »Zwischenpinkeln« aus durchzuschlafen. Tagsüber geht das Sich-Lösen zwar meist nahtlos ins nächste Segment über – den Spaziergang. Doch auch dazu ist, zumindest außerhalb des eigenen Grundstücks –, die Leine meiner Meinung nach erst einmal Pflicht (warum, erkläre ich ab Seite 80).

NUR GEDULD

Setzen Sie den Welpen dort ab, wo er sich lösen soll und warten Sie so lange, bis er es getan hat. Da kann mitunter dauern. Vielleicht ist Ihr Welpe eher schüchtern und so verunsichert, dass er erst einmal vergisst, dass seine Blase voll ist. Genauso gut kann es sein, dass er alles hier viel zu spannend findet, um zu pinkeln. Werden Sie nicht nervös und drängeln Sie nicht, auch wenn Sie müde sind oder frieren. Denn diese negative Stimmung würde sich nur auf den Hund übertragen. Sehen Sie es als erste Lektion, sich in Gelassenheit zu üben. Sie wollen schließlich ein souveräner Hundebesitzer werden.

Hat er sich schließlich entleert, dürfen Sie ihn loben. Aber möglichst ruhig, schließlich soll es ja ganz normal sein, dass er draußen sein Geschäft macht. Wenn Sie ihn kurz streicheln, ihn anblicken oder ansprechen, versteht er viel besser, dass er Ihrer Meinung nach alles richtig gemacht hat, als wenn Sie aufgeregt »Feiiin« oder »Suuuupiii« quietschen oder ihm wie wild über den Kopf wuscheln. Das stachelt ihn nämlich eher auf und macht ihn unruhig. Und am richtigen Ort zu pinkeln ist nun wirklich nichts, worüber man sich aufregen müsste.

ICH MUSS MAL!

Wenn Sie Ihren Welpen beobachten, werden Sie sehr bald erkennen, wann es allerhöchste Zeit ist, rauszugehen:

- Er wacht nach dem Schlafen auf und/oder steht von dem Platz auf, an dem er gerade lag.
- Er unterbricht ein Spiel oder Ähnliches, blickt ratlos umher oder geht dann irgendwo anders hin (dreimal dürfen Sie raten wohin).
- Er schnüffelt auffällig herum und/oder dreht sich im Kreis.
- Er blickt zur Haustür oder Terrassentür oder läuft sogar dorthin.
- Er fiepst ohne erkennbaren Grund.
- Manche Welpen müssen auch nach dem Fressen unbedingt noch mal nach draußen. Sie werden bald raus haben, ob das bei Ihrem Hund auch der Fall ist.

Wenn mal was daneben geht

Wenn Sie den Tag so strukturieren, wie ich es Ihnen auf diesen und den folgenden Seiten zeige, wird Ihr Welpe ziemlich rasch ganz von selbst stubenrein werden. Schon allein dadurch, dass Sie seinen Tag entsprechend seines natürlichen Rhythmus gestalten. Nichtsdestotrotz lässt sich der ein oder andere Zwischenfall so gut wie nie vermeiden. Es reicht, dass Sie gerade ein wichtiges Telefonat führen oder selbst kurz auf der Toilette sind. Dass Ihr Kind Sie gerade braucht oder die Nachbarin klingelt … Kurzum: Dass Sie einen winzigen Moment lang abgelenkt sind und deshalb nicht sofort reagieren können, wenn Ihr Welpe aufwacht oder sonst anzeigt, dass er mal muss.

Das mag ärgerlich sein, ist aber auch ganz normal und vor allem nicht schlimm oder gar ein Zeichen dafür, dass Sie bisher alles falsch gemacht hätten. Das Wichtigste ist deshalb, die Ruhe zu bewahren und nicht rumzuschimpfen. Sie brauchen Ihren Welpen auch nicht auf das Malheur »ansprechen« oder ihm zeigen, wo er soeben hingemacht hat. Und erst recht dürfen Sie nicht unsanft seine Nase hineinreiben. Das alles versteht er nämlich nicht, weil er in seinen Augen nichts Unrechtes gemacht hat. Was Sie aber dadurch erreichen: Er ist verunsichert und hat vielleicht sogar Angst vor Ihnen. Betrachten Sie es also als erneute Gelegenheit, das Gelassenbleiben zu üben und reinigen Sie die Stelle einfach sehr gründlich, damit er nicht verführt ist, aufgrund des Geruchs wieder dorthin zu machen. Und versuchen Sie, das nächste Mal besser aufzupassen. Welpen zeigen für gewöhnlich recht deutlich, was sie brauchen. Wir reagieren nur nicht immer schnell genug darauf.

AUF FRISCHER TAT ERTAPPT

Ertappen Sie Ihren Vierbeiner zufällig auf frischer Tat, nehmen Sie ihn hoch und tragen ihn ins Freie. Schimpfen Sie aber auch dann nicht oder erschrecken Sie den Welpen,

DURCHSCHLAFEN = STUBENREIN?

Ich kenne einige Hundebesitzer, die dachten, ihr Welpe wäre stubenrein, weil er nachts plötzlich durchschlief. Und die sich dann wunderten, dass ihr Liebling tagsüber immer öfter in die Wohnung machte.

Wenn der Welpe schläft, hält seine Blase jedoch nur länger »dicht« als tagsüber, wenn er aktiv ist. Daher ist es leider kein Indiz dafür, dass er stubenrein wäre, nur weil er sich nachts nicht mehr bemerkbar macht. Sie müssen auch weiterhin aufpassen und auf seine Signale schnell reagieren. Genau das aber machen viele Menschen nicht mehr, wenn sie denken, dass ihr Welpe stubenrein wäre. Sie erwarten dann, dass er es aushält, bis sie das nächste Mal Gassigehen.

Intensives Am-Boden-Schnuppern ist ein recht klares Zeichen dafür, dass die Blase geleert werden will.

indem Sie zum Beispiel aufschreien. Sie riskieren damit nur, dass er sich das nächste Mal ein besseres »Versteck« sucht.
Wenn Sie dann mit dem Welpen auf seinem üblichen »Pipi-Platz« sind, warten Sie dort eine Weile. Vielleicht haben Sie Glück, und er war noch nicht ganz fertig. Dann kann er hier und jetzt den Rest erledigen. Und bekommt dafür ein dickes Lob. Und wenn sich nichts tut, gehen Sie eben wieder mit ihm nach drinnen – und machen dort besagte Stelle kommentarlos sauber.
Achtung: Manche Welpen müssen direkt nach dem Fressen gleich ein Geschäft erledigen. In den ersten Tagen sollten Sie daher nach dem Füttern noch einmal kurz rausgehen und ein paar Minuten abwarten, ob Ihr Hund irgendwelche Anstalten macht, sich zu lösen. Um anschließend umso besser zur Ruhe zu finden und schlafen zu können.

RICHTIG SPAZIEREN GEHEN

Für Ihren Welpen gibt es nicht Größeres, als gemeinsam mit Ihnen die Welt zu entdecken. Der Spaziergang ist eine gute Gelegenheit dazu, ihm zu zeigen, worauf es im gemeinsamen Alltag ankommt.

Hunde sind Rudeltiere. Sie sind keine Einzelgänger, die neben uns her leben und dabei einfach nur die Annehmlichkeiten genießen, die wir ihnen bieten, wie Futter, einen warmen Schlafplatz und hin und wieder ein paar Streicheleinheiten. Sie wollen ein richtiger Teil unserer Familie sein. Und deshalb wünschen sie sich nichts mehr, als dass wir unseren Alltag mit ihnen teilen.

Zeig mir deine Welt

Schon im Welpenalter will Ihr Hund spüren, dass er zu Ihnen gehört. Am liebsten würde er Sie daher überallhin begleiten. Das geht natürlich nicht immer, manchmal muss er auch allein zu Hause bleiben. Und auch daheim werden Sie nicht wollen, dass er Ihnen Schritt auf Tritt folgt. Vielleicht stört Sie das anfangs noch nicht. Aber ich verspreche Ihnen: Irgendwann wird es Sie stören. Deshalb muss Ihr Hund lernen, auch für sich zu sein. Doch dazu komme ich ab Seite 95. Jetzt geht es erst mal um die gemeinsame Zeit. Sie wollten ja sicherlich auch deshalb einen Hund, um mit ihm zusammen zu sein, oder?

ENTSPANNTES MITEINANDER

Ich denke, kein Hundebesitzer hat Lust, ununterbrochen in Hab-acht-Stellung unterwegs zu sein, dass seinem Hund nichts passiert – oder damit er nichts anstellt. Damit dieser Wunsch Wirklichkeit wird, muss man einem jungen Hund aber erst mal zeigen, wie unser Alltag funktioniert und was ihn außerhalb der eigenen vier Wände erwartet. Dass es draußen zum Beispiel Autos, Motor- und Fahrräder gibt, die mehr oder weniger Krach machen und stinken. Dass man beim Spazierengehen viele, viele Menschen sieht und auch viele andere Hunde. Und man muss ihm zeigen, wie er sich in diesen Situationen verhalten muss, damit das Zusammenleben für alle harmonisch verläuft.
Das klingt für Sie erst mal nach viel Arbeit? Keine Sorge, das meiste erledigt sich von ganz allein. Und das »Zauberwort« dazu lautet: Gassigehen. Beim Spazierengehen lernt Ihr Welpe die Welt ganz nebenbei kennen und sieht, wie (und wo) Sie leben. Sie können ihm unterwegs auf artgerechte Art so ziemlich alles beibringen, was er können muss. Allerdings nur, wenn Sie es richtig machen.

Die Leine ist die Verlängerung unseres Arms. Der Welpe sollte früh an sie gewöhnt werden und gern daran laufen.

Diszipliniert Gassi gehen

Bei meiner Arbeit erlebe ich immer wieder, dass Menschen das Gassigehen eher als notwendiges Übel ansehen: Der Hund muss halt ab und zu raus. Diese Einstellung kann ich überhaupt nicht teilen. Im Gegenteil! Der gemeinsame Spaziergang ist nämlich echte Quality-Time für die Mensch-Hund-Beziehung. Wann sonst hat man so regelmäßig eine gute Gelegenheit, dem Hund zu zeigen, dass man ihn sicher und vertrauensvoll »anführt«? Und wo sonst kann man so gut sehen, dass sich der Vierbeiner genau so verhält, wie man es sich von ihm wünscht. Natürlich ist es schön, wenn man einen Garten hat, in den der Welpe zwischendurch mal kurz raus kann. Aber Gärten werden meiner Meinung nach total überbewertet. Ein Garten ist schließlich kein Beschäftigungsprogramm, egal wie groß er ist. Welpen wollen immer wieder neue Sachen entdecken und erleben (erwachsene Hunde übrigens auch). Und erst recht ist ein Garten kein Ersatz für Sie! Ihr Welpe möchte bei Ihnen sein und etwas mit Ihnen unternehmen. Er will Teil Ihrer Familie sein.

AUCH HIER IST STRUKTUR GEFRAGT

Meine Art spazieren zu gehen unterscheidet sich jedoch auch ein bisschen von der »üblichen« Art des Gassigehens. Ich sehe jeden Tag so viele Hundebesitzer, die neben, vor oder hinter ihrem Vierbeiner herlaufen – vor allem eben, damit er sein Geschäft erledigt, vielleicht auch, um selbst ein bisschen rauszukommen. Sie treffen dabei Leute, unterhalten sich, telefonieren nebenbei oder schreiben ein paar SMS … Was aber die wenigsten tun: auf ihren Hund achten. Ich finde das schade, denn damit verpassen sie eine tolle Chance, dass aus ihnen und ihren Hunden ein wirklich eingespieltes Team wird. Würden wir uns gerade persönlich unterhalten, würden Sie mich vermutlich fragen, wie man denn sonst Gassigehen sollte. Und ich würde Ihnen daraufhin empfehlen: diszipliniert. Disziplin heißt hier aber nicht, dass Sie Ihren Hund ständig bestrafen, sobald er

etwas falsch macht. Es bedeutet, dass Sie ihm zeigen, wie das Leben draußen abläuft. Und dass er sich dort genauso auf Sie verlassen kann wie sonst auch.
Für frischgebackene Hundehalter wiederum ist so ein disziplinierter Spaziergang eine gute Gelegenheit wahrzunehmen, dass ihr Hund sie im wahrsten Sinn des Wortes begleitet – so wie er sie ein Stück ihres Lebens begleiten wird. Und immer wieder zu erfahren, wie gut es dem Hund tut, wenn man sich klar und eindeutig verhält.
Das Wichtigste beim disziplinierten Gassigehen aber ist, dass Sie den Spaziergang klar strukturieren. Es gibt einen Teil, während dem der Welpe einfach nur brav neben Ihnen herläuft, und einen, in dem er Pause machen darf. Und dann noch mal einen, in dem er wieder bei Ihnen läuft. Im Grunde bedeutet Gassigehen mit Disziplin also nichts anderes als Gassigehen mit Struktur.
Natürlich können Sie von einem jungen Hund noch nicht so viel verlangen wie von einem erwachsenen. Wichtig ist aber, dass jeder Spaziergang aus diesen drei Teilen besteht. Die Dreiteilung entspricht nämlich den natürlichen Bedürfnissen und Instinkten eines Hundes. In der freien Wildbahn gibt es Aufgaben wie Futtersuchen oder das Revier verteidigen. Und es gibt Phasen, in denen nichts zu erledigen ist und in denen man daher spielen oder sich ausruhen kann.

Erster Teil: Nur mitlaufen

In der Praxis sieht das so aus: Sie lassen Ihren Welpen sich erst einmal lösen – so wie ich es Ihnen ab Seite 70 beschrieben habe. Und dann geht es los. An der Leine ist er ja schon

An der Leine gehen heißt sich auf den Menschen zu konzentrieren. Das können auch Welpen schon verstehen.

(und wenn er ohne Leine zum Pinkeln in den Garten gegangen ist, legen Sie sie jetzt an). Fangen Sie normal zu laufen an und gewöhnen den Hund zuerst einmal an die Umgebung. In diesem ersten Teil des Spaziergangs soll er verstehen, dass Sie ihn führen. Alles was er tun soll, ist, an Ihrer Seite zu laufen. Das ist wichtig für die grundsätzliche Bindung. Alles andere kommt im nächsten Teil des Spaziergangs. Sollte er zwischendurch noch mal müssen, darf er sein Geschäft natürlich erledigen.
Noch mal kur zur Bindung: Wenn Sie in der Stadt an einer belebten Straße wohnen, hat das den Vorteil, dass sich der Welpe in dieser ersten Phase des Spaziergangs schnell und fast ohne es zu merken daran gewöhnt, dass es andere Geräusche gibt, Autos, Menschen und Hunde – und dass Sie ihn durch all das führen, bis Sie die Grünfläche oder den Park erreichen, wo dann der zweite Teil des Spazierganges stattfindet. Wohnen Sie dagegen idyllisch am Waldrand und lassen den Welpen gleich einfach loslaufen – kann ja nichts passieren –, wirkt das zwar vielleicht anfangs sehr entspannt. Aber Sie werden nach kurzer Zeit Probleme bekommen. Denn Ihr Welpe erlebt so nicht, dass Sie ihn führen. Und kann es daher auch nicht lernen. Eine richtige Bindung entsteht daher auch nicht.

Zweiter Teil: Pause machen

Ist Ihr Hündchen ein paar Minuten brav neben Ihnen hergelaufen, machen Sie erst mal eine Pause. Wer so fleißig lernt, soll sich schließlich zwischendurch auch erholen.

HUNDE BRAUCHEN EINE AUFGABE

Seit Hunde mit Menschen zusammenleben, hatten sie Aufgaben: Sie halfen bei der Jagd, bewachten Haus und Hof, hüteten Schafe oder zogen Karren. Es liegt in ihrer Natur zu arbeiten. Heute müssen nur noch die wenigsten Vierbeiner »echte« Arbeit leisten. Umso wichtiger ist es, dass man sie auf artgerechte Art anders fordert.
In einer Hundefamilie oder Hundegruppe übernimmt jedes Tier eine bestimmte Aufgabe, was man bei Familien, die mehrere Hunde halten, im Tierheim, wo Hunde als Gruppe zusammenleben oder bei Straßenhunden sehr schön erkennen kann: Der eine ist prädestiniert, neue Futterquellen zu entdecken, der andere ein neues Revier auszukundschaften, wieder andere ziehen den Nachwuchs auf oder sichern den Rest des Rudels ab, während er frisst. Und alle folgen dabei.
In Ihrer Mensch-Hund-Familie müssen Sie die Ruhe und Sicherheit vermitteln, die nötig ist, um diese Aufgaben zu erfüllen. Und der tägliche Spaziergang ist eine einmalige Gelegenheit, dem Hund von Anfang an genau diese Sicherheit zu vermitteln und ihm gleichzeitig ohne zusätzlichen Zeitaufwand noch eine Aufgabe zu erteilen: sich auf Sie zu konzentrieren und Ihnen zu folgen. Das ist keine Strafe für ihn, sondern eine Freude! Und es stärkt ganz automatisch auch Ihre Bindung zueinander.

Ideal ist dafür ein Platz, an dem wenig los ist und wo Sie sich ganz aufeinander einlassen können. Also nicht gerade ein Stückchen Grün neben einer stark befahrenen Straße und auch nicht die Hundewiese im Park, wo es von anderen Vierbeinern nur so wimmelt. Das lenkt alles viel zu sehr ab. Machen Sie es sich und Ihrem Welpen nicht unnötig schwer. Stress brauchen Sie sich aber auch nicht machen: Nachdem Sie dem Hund ein wenig Ruhe vermittelt haben, darf er natürlich auch mit anderen Hunden spielen, falls es sich so ergibt. Er darf aber genauso auch einfach »nur« herumschnüffeln.

Haben Sie Ihren »Pausenplatz« erreicht, signalisieren Sie Ihrem Welpen, dass er jetzt frei hat, indem Sie selbst stehen bleiben, sich hinsetzen oder in die Hocke gehen. Und dann lassen Sie ihn erst mal machen. Der Instinkt Ihres Welpen sagt ihm, dass jetzt die Zeit gekommen ist, all das zu tun, wofür vorher keine Zeit war, weil er ja neben Ihnen herlaufen musste. Jetzt kann er sich ausruhen, herumschnuppern oder sein Geschäft erledigen. Sie können die Pause auch nutzen, um gemeinsam zu spielen und so die Bindung noch mehr zu stärken.

Ach ja: Wenn Sie das Gelände nicht komplett überschauen können und die Gefahr besteht, dass Ihr Welpe ausbüxt, würde ich ihn auch in der Pause an der Leine lassen. Halten Sie sie einfach locker in der Hand, während er herumläuft, schnüffelt oder spielt. Sie ist einfach da und ganz normal. Sie gehört zu Ihnen und damit auch zu ihm.

Wenn Sie zum Beispiel 30 Minuten unterwegs waren, sollte die Pause nicht länger als 10 Minuten dauern. Die Pause wird im Gegensatz zu der »Laufphase« mit der Zeit aber auch nicht länger. Dadurch nimmt das disziplinierte Nebenhergehen nach und nach den deutlich größeren Teil des Spaziergangs ein. Und genau so soll es sein.

Ist es Zeit weiterzugehen, rufen Sie Ihren Hund bei seinem Namen und signalisieren ihm, dass die Pause zu Ende ist. Machen Sie sich interessant, um seine Aufmerksamkeit zu erhalten. Das motiviert den Welpen, sich wieder voll und ganz auf Sie zu konzentrieren und mit Ihnen mitzulaufen.

In der Pause können die Hunde dann machen, was sie wollen. Elly und Betty wollen meistens nur eins: kuscheln.

Die Sache mit der Leine

Ich habe interessehalber meine Freunde, Bekannten und Kunden schon öfter gefragt, wie für sie der perfekte Spaziergang aussieht. Die häufigste Antwort: Man geht in schöner Umgebung Gassi, der Hund springt frei nebenher, tobt sich aus und freut sich des Lebens, während man selbst die Natur genießt und entspannt. Eine Leine kommt dabei so gut wie nie vor. Und wenn ich nachfrage, warum, stellt sich schnell heraus, dass sich die wenigsten vorstellen können, ein Hund könnte sich gut fühlen, wenn er an der Leine neben Frauchen oder Herrchen herlaufen muss. Denn die Leine bedeutet für sie das Gegenteil von Freiheit, Unbeschwertheit und Glück.
Ich finde es wirklich schade, dass die Leine unter Hundehaltern so ein schlechtes Image hat. Deshalb hoffe ich wirklich, dass ich ein Stück dazu beitragen kann, dass Sie sie als nützliches Werkzeug sehen, das Ihnen hilft,

Wenn die Leine bei allem was schön ist und Spaß macht dran bleibt, gehört sie bald einfach dazu.

die Verbindung zu Ihrem Vierbeiner noch zu stärken. Es ist nämlich überhaupt nicht so, dass sich Ihr Hund automatisch nur dann frei fühlt, wenn er ohne Leine laufen darf. Er fühlt sich dann frei, wenn er sich keinen Kopf machen muss. Freiheit bedeutet für ihn in erster Linie frei sein im Kopf. Und das kann er nur, wenn er merkt, dass Sie die Verantwortung übernehmen und er nichts anderes zu tun hat, als Ihnen zu folgen. Die Leine ist das perfekte Signal dazu.
Ganz abgesehen davon leben die meisten Hunde heute in einer Umgebung, in der sie zumindest zeitweise angeleint werden müssen. Ich rate daher jedem Welpenbesitzer, seinem Vierbeiner von Anfang zu zeigen, wie das An-der-Leine-Laufen richtig funktioniert. Dann ist es für ihn bald etwas ganz Natürliches. Und bleibt es auch sein Leben lang. Zeigen Sie Ihrem Welpen, dass die Leine etwas Gutes ist. Ein optisches Signal dafür, dass er beim Gassigehen entspannen kann und Sie die Führung und Verantwortung übernehmen. Die Leine ist ein Band, das Sie beide miteinander verbindet. Keine Strafe!
Das heißt natürlich nicht, dass Sie Ihren Hund nie ohne Leine laufen lassen dürfen. Wenn Sie dabei ein paar Dinge beachten, fühlt er sich auch dann bei Ihnen sicher. Aber das kommt später (siehe ab Seite 137).

AUCH EINE FRAGE DER SICHERHEIT

Natürlich erfüllt die Leine auch den Zweck, den Hund zu sichern. Gerade im Welpenalter, wenn er noch nicht so viel erlebt hat, werden Sie immer wieder in Situationen geraten, die ihn möglicherweise erschrecken – sei es, weil das Moped neben Ihnen eine Fehlzündung hat, plötzlich ein aufgeblähter Müllsack um die Ecke weht, eine Horde kreischender Teenager den Gehweg blockiert oder ein unerzogener Artgenosse ihn angehen will … Ohne Leine würde er in so einem Fall vielleicht panisch wegrennen. Ich mag mir gar nicht vorstellen, was geschähe, wenn das gerade an einer stark befahrenen Straße passieren würde.
Zu guter Letzt zeigen Sie mit der Leine nicht nur Ihrem Hund, dass Sie die Verantwortung für ihn übernehmen, sondern auch Ihren Mitmenschen. Auch wenn Sie selbst nicht dazugehören: Es gibt Leute, die sich vor Hunden fürchten. Und auch wenn man sie mag, möchte man nicht zwangsläufig von jedem freudig begrüßt, angeschnuppert, angesabbert oder sogar angesprungen werden.

DEN FOLGEINSTINKT FÜTTERN

Hunde sind keine zahmen, domestizierten Wölfe. Sie binden sich instinktiv an uns, folgen uns aus freien Stücken, wollen uns begleiten und mit uns leben. Sie wollen, dass wir ihre Anführer sind.
Bei Welpen sieht man das sofort. Es ist ein Irrtum anzunehmen, sie würden ihrem Menschen nur deshalb folgen, weil sie noch klein und ängstlich sind. Es liegt in ihrer Natur, dass sie ihrer Mutter, ihren Geschwistern und schließlich auch ihrem Menschen erst einmal überallhin hinterherlaufen. Sie müssen das nicht lernen, sondern folgen einfach ihren Instinkten. Ob er dabei eine Leine trägt oder nicht, spielt für ihn keine große Rolle. Das macht die ganze Sache im Prinzip sehr

Will der Welpe nicht weiter, weil er unsicher oder abgelenkt ist, hilft Spielzeug, sein Interesse wieder zu wecken.

einfach. Denn im Grunde müssen Sie nichts tun, als diesen natürlichen Folgeinstinkt zu füttern und Ihrem Welpen nicht durch falsches Verhalten »abzutrainieren«, dass er Ihnen automatisch folgt.

KLEINES LEINEN-EINMALEINS

Ist Ihr Welpe bei einem verantwortungsvollen Menschen und in einer liebevollen Umgebung aufgewachsen, hat man ihn dort sicher schon an Halsband und Leine gewöhnt. Jetzt sollte er also keine Berührungsängste mehr haben. Wenn doch, müssen Sie das unbedingt nachholen. Aber auch wenn er schon alles kennt, bedeutet das nicht automatisch, dass er deswegen gleich wie eine Eins lammfromm neben Ihnen herläuft. Die einen bleiben zwischendurch einfach stehen, die anderen wollen ständig umdrehen, und wieder andere beißen in die Leine … Es ist ganz normal, dass ein junger Hund erst einmal nicht weiß, was eine Leine ist, beziehungsweise für was sie gut sein soll. Aber wenn Sie selbst richtig auf solche »Fehler« reagieren, lernt er sehr schnell, wie es richtig geht.
Das Wichtigste ist, die Leine niemals dazu zu benutzen, wie verrückt an ihr herumzureißen oder sich daran festzuhalten und sich von deem Welpen sinnbildlich durch die Gegend ziehen zu lassen. Und selbstverständlich erst recht nicht, um ihn zu maßregeln.

Der Welpe mag nicht mitgehen

Es mag ja verständlich sein, dass ein junger Hund sich zwischendurch ausruhen oder ein bisschen herumschauen will und deshalb einfach stehen bleibt oder sich hinsetzt. Doch

Geht gar nichts mehr, kann man einen jungen Hund auch einfach mal auf den Arm nehmen und tragen.

daraus kann recht schnell eine schlechte Angewohnheit werden – und spätestens wenn Sie es einmal eilig haben, werden Sie von ihm erwarten, dass er einfach mitläuft und nicht sinnlos herumtrödelt.

Aus diesem Grund sollten Sie von Anfang an darauf »bestehen«, dass er beim Spazierengehen auch wirklich geht. Ausruhen und herumschnüffeln kann er schließlich gleich in der anschließenden Freipause. Den Welpen einfach weiterzuziehen ist aber keine gute Lösung. Zug erzeugt Gegenzug. Momentan wird er zwar nicht stark genug sein, sich gegen Sie anzustemmen. Aber er wächst ja noch. Versuchen Sie daher lieber zu verstehen, warum gerade nichts weitergeht. Bei Welpen liegt das in den allermeisten Fällen an einem: Sie haben (noch) nicht verstanden, dass sie mitlaufen sollen. Deshalb ist es Ihre Aufgabe, ihm auf klare und für ihn leicht verständliche Art zu zeigen, was Sie eigentlich von ihm wollen.

Wenn die Leine zu lang ist, läuft es sich schlecht. Ein Knoten hilft, sie in der richtigen Länge zu halten.

Am Anfang locken Sie den Welpen mit Geräuschen oder Spielzeug, um ihn zum Weiterlaufen zu motivieren. Dazu halten Sie die Leine, ohne an ihr zu ziehen, in die Richtung, in die Sie gehen möchten. Sobald der Welpe daraufhin einen Schritt nach vorn macht, gehen Sie ohne ein weiteres Signal ruhig und sicher weiter. Legen Sie zwischendurch ruhig auch immer wieder ein paar Meter einen Zahn zu. Auch dadurch motivieren Sie ihn, ohne Pause zu laufen. Sie dürfen ihn auch gern für das Weiterlaufen loben. Versuchen Sie aber, das nicht allzu überschwänglich zu tun. Normal und ruhig reicht. Und wenn Sie konsequent dabeibleiben, kennt es Ihr Hund schon bald nicht mehr anders.

Der Welpe kaut an der Leine

Wenn die Leine zu lang ist und zwischen den Beinen des Welpen herumbaumelt, ist es sehr verführerisch, sie als Spielzeug zu betrachten. Viele Welpen fangen dann an, auf ihr herumzukauen. Das sollte nicht sein. Denn die Leine gehört dem Hund nicht so, wie ihm zu Hause vielleicht sein Kauspielzeug gehört, das er überallhin tragen darf. Die Leine ist die Verbindung zwischen Ihnen beiden. Sie ist die Verlängerung Ihrer Hand, mit ihr können Sie anzeigen, in welche Richtung es gehen soll. Und Sie wollen ja auch nicht, dass Ihr Welpe auf Ihrer Hand herumkaut, oder? Schimpfen bringt in diesem Fall nicht viel (sonst übrigens auch nicht). Schaffen Sie das Problem einfach aus der Welt, indem Sie die Leine etwas kürzer nehmen, aber immer noch locker. Erhöhen Sie zudem das Schritttempo oder lenken Sie den Welpen

»Das Ziel ist, dass die Leine nicht straff wie eine Gitarrenseite gespannt ist, sondern schön locker durchhängt, ohne dem Welpen zwischen den Beinen zu baumeln.«

mit Geräuschen oder einem Spielzeug ab, dann konzentriert er sich wieder mehr auf Sie und lässt die Leine automatisch los.

Der Welpe wuselt ständig zwischen den Beinen herum

Es ist vollkommen normal, dass ein Welpe am Anfang unkoordiniert ist. Damit er aber nicht auch dann noch zwischen Ihren Beinen herumwuselt, wenn er größer ist, müssen Sie ihm, ohne dabei zu streng zu sein, zeigen, auf welcher Seite er laufen soll. So ähnlich wie Sie einem Kind beibringen würden, an Ihrer Hand zu gehen.
Mithilfe der Leine und ein bisschen Motivation (wenn nötig hilft auch hier anfangs ein Spielzeug) zeigen Sie an, auf welcher Seite er bleiben soll. Sie halten die Leine dazu kurz, aber locker. Immer, wenn er die Seite wechseln will, bleiben Sie stehen, geben ihm mit der Hand/Leine die Richtung vor, in die er laufen soll, und richten auch Ihren Blick dorthin. Bleibt er stehen, zerren Sie nicht an der Leine, sondern motivieren ihn aufs Neue. In der Regel reicht so ein kleines Signal aus, und er versteht, was Sie von ihm wollen. Vermutlich wird er es zwar deshalb auch nicht auf Anhieb schaffen, brav immer links oder rechts zu gehen. Aber Sie sind auf dem besten Weg dorthin.

Der Welpe drängelt nach vorn

Wenn Ihr Hund etwas älter ist, spätestens aber wenn er in die Pubertät kommt, wird er auch mal seine Grenzen austesten wollen. Er wird dann beim Gassigehen ab und zu vergessen, dass er neben Ihnen herlaufen soll und stattdessen dreist nach vorn preschen.

Die Leine ist der verlängerte Arm, und so kann man mit ihr prima die Richtung anzeigen, in die es gehen soll.

Genauso kann dies passieren, wenn Ihr Welpe nicht ausgelastet ist. Deswegen ist es auch hier wieder wichtig, dem eigenen Bauchgefühl zu folgen. Sie sollten erkennen können, welche Energie Ihr Hund hat. Je nach Kondition ist der eine Welpe nämlich früher müde und der andere später.

Reißen Sie den Hund in so einem Moment nicht mit der Leine zurück. Denn auch hier würde Zug nur wieder Gegenzug bewirken – und er würde sich noch mehr ins Zeug legen. Haben Sie das Gefühl, der Welpe hat zu viel Energie, halten Sie die Leine gerade so lang, dass er neben Ihnen läuft und versuchen ein Tempo zu finden, das für Sie beide gut ist. Auf keinen Fall sollten Sie den Welpen ableinen, damit er frei laufen und sich austoben kann. Er soll schließlich verstehen, dass Sie ihm dabei helfen, seine überschüssige Energie abzubauen und ihm so das An-der-Leine-laufen-Lernen erleichtern. Dazu genügen fünf oder zehn Minuten, in denen Sie zum Beispiel zügig um den Block gehen.

Vordrängeln gilt nicht! Ein einfaches Handsignal hilft oft schon, damit sich der Welpe wieder auf einen konzentriert.

Wenn die Energie weg ist oder der Welpe sich einfach normal verhält, aber trotzdem nach vorn zieht, müssen Sie viel früher reagieren und bereits dann eingreifen, wenn er nach vorn gehen will. Dazu ist kein großer Körpereinsatz nötig: Bleiben Sie einfach stehen und halten Sie die Hand wie eine Art Stoppschild vor ihn. Selbst ganz junge Hunde verstehen solche Zeichen instinktiv. Wenn Sie möchten, können Sie ein Wort wie »Stopp!« oder »Halt!« dazukombinieren und ihn so auch auf ein akustisches Signal konditionieren. Das ist praktisch, wenn er später irgendwann einmal ohne Leine unterwegs ist und anhalten soll.

Akzeptiert Ihr Vierbeiner die sanfte Korrektur nicht auf Anhieb, bleiben Sie stehen und warten ab, bis er sich beruhigt hat und sich neben Sie setzt. Das wird wie immer am schnellsten gelingen, wenn Sie selbst ruhig und sicher bleiben und sich nicht von seiner Nervosität anstecken lassen.

Erst wenn er ruhig ist, gehen Sie dann sicheren Schrittes und ohne weiteren Kommentar weiter. Wenn es sein muss, wiederholen Sie das mehrmals. Bis er verstanden hat, dass Sie nicht wollen, dass er vornweg geht.

Bevor Sie überhaupt starten

In den ersten Wochen wird sich der Spaziergang erst mal direkt ans Sich-Lösen anschließen. Das bedeutet, Sie schnappen sich den Welpen, wenn er aufgewacht ist, und sausen mit ihm nach draußen. Hat er dann sein Geschäft erledigt, spazieren Sie los.

Das ändert sich, wenn Ihr Welpe stubenrein ist und nicht mehr sofort unmittelbar nach dem Aufstehen rausmuss. Seine Blase ist dann groß genug, dass Sie sich in Ruhe auf den Spaziergang vorbereiten können, ohne deswegen gleich eine Pipipfütze in der Wohnung zu riskieren.

Vermutlich wird er bald merken, was Sache ist, und aufgeregt vor Ihnen herumschwänzeln. Viele Hundebesitzer missverstehen das als Freude und beeilen sich deshalb umso mehr, endlich aufzubrechen. Besser wäre es, genau das Gegenteil zu tun. Denn Aufregung ist nie gut. Aufregung bedeutet Stress. Und wenn Sie so zum Gassigehen starten, ist die Gefahr groß, dass der Welpe die Nervosität mit auf die Straße nimmt – und dann entsprechend schlecht an der Leine läuft. Warten Sie daher drinnen ab, bis sich der Hund beruhigt hat. Schimpfen Sie nicht und reden Sie auch nicht pausenlos auf ihn ein, dass es doch gleich losginge. Geben Sie ihm durch Ihre innere und äußere Haltung zu verstehen, dass Sie alles im Griff haben und er sich wieder einkriegen kann. Setzt oder legt er sich schließlich irgendwann hin oder weicht er ein paar Schritte zurück, gähnt er oder signalisiert sonst wie, dass sich seine Aufregung gelegt hat, können Sie ihn anleinen. Wenn Sie vorher zur Leine greifen, lernt er, dass diese Aufregung bedeutet. Dabei soll sie doch Ruhe und Sicherheit geben.

Möglicherweise geht, sobald er angeleint ist, der ganze Zirkus von vorn los. Bleiben Sie auch dann entspannt und lassen Sie sich nicht drängen. Erst wenn er sich wie zuvor beruhigt hat, öffnen Sie die Wohnungstür – und genauso machen Sie es an der Treppe, an der Haustür und am Gartentor. Sie geben das Tempo vor, nicht Ihr Hund.

SCHLEPP- UND FLEXI-LEINE

Man hört und liest oft, dass Welpen am besten an der Schlepp- oder Flexi-Leine ausgeführt werden, weil sie ja noch nicht gut folgen. Ich persönlich halte davon nichts. Indem man den Welpen im vermeintlich sicheren Rahmen jederzeit eigenständig und »frei« herumstöbern lässt, zerstört man den natürlichen Folgeinstinkt. Durch den Ruck am Ende wird der Welpe zudem eher zu Widerstand genötigt (Sie erinnern sich: Zug und Gegenzug) und lernt daher die Leine als etwas Unangenehmes kennen. Was Sie machen können: So eine Leine in der Freipause nutzen, wenn Sie dem Welpen auch mal mehr Raum geben wollen und sich noch nicht trauen, ihn ganz von der Leine zu machen. Aber auch dann müssen Sie üben, dass er von selbst zu Ihnen zurückkommt und dürfen ihn nicht ziehen.

FÜTTERN

Drängeln, betteln, schlingen: Wenn es ans Fressen geht, vergisst ein Welpe mitunter schnell mal sein Benehmen. Zeigen Sie ihm, dass er viel schneller bekommt, was er will, wenn er sich an die Regeln hält.

Genauso wie seine Blase ist auch der Magen eines Welpen noch sehr klein. Er muss daher sein Futter auf mehrere Portionen verteilt bekommen. Was liegt da näher, als auch das Füttern so in den Tag zu integrieren, dass dieser für den Welpen »Sinn macht«.

Auch Fressen will gelernt sein

Richtig Füttern (und futtern) muss man genauso lernen wie richtig Gassigehen. Aber wenn Sie von Anfang an auf ein paar Dinge achten und sich erst gar keine Unsitten einschleichen, bekommt der Welpe sehr schnell gute »Essmanieren«.
Der erste Schritt auf dem Weg dorthin: der richtige Zeitpunkt. In der freien Wildbahn gehen Hunde nicht spazieren, sondern auf Futtersuche. Nach der »Arbeit« wird dann gefressen. Die Arbeit Ihres Welpen ist es, diszipliniert Gassi zu gehen. Deshalb bekommt auch er danach etwas zu fressen. Diese Taktung entspricht seiner Natur. Und unter uns: So schön Gassigehen auch ist, das Fressen danach ist für den Hund noch toller.

Der zweite Schritt: Der Welpe bekommt seinen Napf nur, wenn er sich benimmt. So lange er aufgeregt in der Küche herumschwänzelt, jault, bellt oder vielleicht sogar an Ihnen hochspringt, gibt es nichts. Nicht mal einen kleinen Happen aus der Hand. Nichts!
Mit Futter würden Sie seine aufgeregte Haltung nur belohnen, und er würde sich merken: »Hey, wenn ich mich recht aufführe, gibt mir Frauchen oder Herrchen etwas zu fressen. Dann mach ich das doch gleich mal.« Das Füttern ist also nicht nur der grandiose Abschluss des gemeinsamen Spaziergangs. Es ist auch eine sehr gute Gelegenheit, Ihrem Welpen wieder einmal ganz nebenbei zu zeigen, dass Sie derjenige sind, der sich um ihn kümmert. Sie sorgen dafür, dass er zu fressen bekommt und dass er das auch weiß und anerkennt. Das wiederum stärkt die Bindung, weil er erkennt, dass sie für ihn sorgen.

»Fressen ist die Belohnung fürs Arbeiten.«

Was ein paar Wochen Altersunterschied doch ausmachen: Betty setzt sich sofort hin, Elly muss noch etwas üben.

Wenn Sie nach dem Gassigehen füttern, sind Sie schon mal ein wenig im Vorteil, weil der Welpe ohnehin sicher erschöpft ist. Er wird also gar nicht so sehr »herumspinnen«. Aber ein bisschen ist immer noch zu viel. Sorgen Sie daher erst mal für Ruhe.
Ich selbst bringe meinen Welpen bei, an der Schwelle zur Küche zu warten, während ich dort das Futter zubereite. Jedes Mal wenn sie mir in die Küche folgen, bringe ich sie geduldig zurück in den Flur und warte, bis sie sich dort hinsetzen. Dann gehe ich wieder in die Küche. Kommen sie mir abermals nach, kehre ich noch mal mit ihnen zurück und warte wieder – wenn es sein muss etliche Male. Ich weiß, das klingt nach einer echten Sisyphusarbeit. Aber Welpen sind ja nicht dumm. Sie lernen recht schnell, was wir von ihnen wollen. Solange wir konsequent sind. Deshalb dauert es auch nicht lang, bis ich in Ruhe alles vorbereiten kann und meine Hunde mich dabei zufrieden beobachten. Ab da wissen sie: Wenn wir nach Hause kommen, haben wir in der Küche erst mal nichts verloren. Herrchen wird uns schon Bescheid geben, wann es Zeit ist zu fressen.

SETZEN, BITTE

Es kann natürlich sein, dass Ihr Welpe erneut ganz erregt ist, wenn Sie mit dem Futternapf ankommen. Das sollte er natürlich ebenfalls nicht sein, denn nach wie vor gilt: Keine Ruhe, kein Futter!
Es gelingt sehr schnell, die Aufregung zu unterbinden, wenn sich der Welpe hinsetzt. Behalten Sie dafür einfach den Napf in der Hand und schauen Sie den Hund an. Irgend-

wann setzt er sich automatisch oder legt sich vielleicht sogar hin. Jetzt können Sie den Napf abstellen. Aber stopp, das heißt nicht, dass sich der Welpe gleich wie von der Tarantel gestochen darauf stürzen darf. Er muss immer noch sitzen bleiben. Steht er auf, halten Sie Ihre Hand zwischen den Napf und den Welpen. So signalisieren Sie ihm eine imaginäre Grenze. Keine Sorge, Ihr Vierbeiner wird deshalb nicht gleich verhungern. Werden Sie also nicht nervös, sondern bleiben Sie ruhig und gelassen. Dann fällt es ihm auch leichter, ruhig und gelassen zu werden. Akzeptiert er dann irgendwann auch diesen Schritt, wird er sich bestimmt hinsetzen. Jetzt muss er nur noch den Blick vom Futter wenden und Sie anschauen. Das ist sein Signal an Sie (»Bitte hilf mir, damit ich an mein Futter komme«) – und genau das, worauf Sie gewartet haben. Denn in diesem Moment hat Ihr Welpe erkannt, dass Sie es sind, der ihm das Futter gibt. Deshalb können Sie die Schüssel jetzt freigeben.

Reste wegräumen

Welpen sind im Wachstum und brauchen dazu viel Energie. Daher fressen sie in der Regel immer auf. Wenn trotzdem mal etwas übrig bleibt, sollten Sie den Napf wegnehmen und den Futterrest entsorgen. Bleibt der Napf nämlich die ganze Zeit über stehen, kann sich der Welpe jederzeit selbst bedienen. Das mag auf den ersten Blick praktisch erscheinen, hat aber damit, eine grundlegende Beziehung zum Hund aufzubauen, überhaupt nichts zu tun. Er lernt so nicht, dass das Futter von Ihnen kommt. Und auch nicht, sich dementsprechend ruhig zu verhalten.

Wasser

Anders als den Futternapf stellen Sie das Wasser nicht weg, nachdem Ihr Welpe getrunken hat. Er muss den ganzen Tag über freien Zugang zu seinem Trinknapf haben – und das nicht nur bei heißer Witterung. Denken Sie auch daran, wenn Sie ihn allein lassen. Die Tür zur Küche muss dann offen bleiben, oder Sie müssen den Wassernapf an eine zugängliche Stelle stellen.
Wenn Ihr Welpe größer wird, braucht er nicht mehr so viele kleine Futterportionen.

Wichtige Regel: Erst wenn das Futter freigegeben ist, darf der Welpe sich den Bauch vollschlagen.

Es sollte für den Hund selbstverständlich sein, dass nicht alles, was gut riecht und lecker aussieht, für ihn ist.

Schon mit einem halben Jahr werden Sie ihn wahrscheinlich nur noch zweimal am Tag füttern. Das bedeutet, dass er nicht jedes Mal etwas zu fressen bekommt, wenn Sie von einem Spaziergang nach Hause zurückkehren. Als Ersatzbelohnung können Sie ihm dann einen Napf frisches Wasser hinstellen. Auch so sieht er, dass Sie für sein Wohl sorgen.

Das gehört dir nicht

Junge Hunde sind neugierig, und daher ist es ganz normal, dass sie sich nicht nur für ihr eigenes, sondern auch für unser Essen interessieren. Ihr Welpe wird daher sicher nicht nur einmal aufstehen und schnüffeln, wenn Sie sich an den gedeckten Tisch setzen. Oder es sich zum Beispiel mit einem Stück Kuchen auf der Couch bequem machen. Instinktiv weiß er zwar, dass Ihr Essen Ihnen gehört. Aber Sie müssen sich trotzdem auch so verhalten, dass er diese Tatsache akzeptiert. Das bedeutet, Sie müssen genauso eine Grenze setzen wie Sie es zum Beispiel tun, wenn er beim Gassigehen nach vorn sprinten will oder wenn er an der Küchentür aufs Futter warten soll. Weil er das schon kennt, wird er es schnell begreifen. Und vielleicht immer noch kurz schnuppern, sich dann aber irgendwo hinlegen und Ruhe geben.

Muss ich denn wirklich immer so streng sein, fragen mich meine Kunden oft. Müssen Sie nicht! Sobald Ihr Hund verstanden hat, dass Ihr Essen Ihnen gehört und ihn nichts angeht, können Sie auch mal eine Ausnahme von der Regel machen. Das mache ich selbst auch, zum Beispiel wenn ich im Restaurant auf mein Essen warte. Ich gebe meinem Hund dann ein Stückchen Brot. Wichtig ist, dass Sie solche Ausnahmen nur dann machen, wenn der Hund gelernt hat, dass er dafür nicht betteln muss. Das ist zwar nur ein kleiner, aber durchaus feiner Unterschied.

FUTTERREGELN

Vier wichtige Regeln, die Ihr Welpe lernen muss:

- Das Essen gehört Ihnen.
- Er bekommt nur etwas, wenn er ruhig und entspannt ist.
- Er darf sich nicht einfach nehmen, was herumliegt.
- Wann eine Ausnahme gemacht wird, bestimmen Sie, nicht er.

PFUI, LASS DAS LIEGEN

Welpen sind gierig, und dementsprechend geht beim Fressen immer auch einiges daneben. Warum nutzen Sie das nicht gleich, um Ihrem Vierbeiner beizubringen, dass er nicht alles nehmen muss beziehungsweise darf, was auf dem Boden liegt? Genau das sollte er nämlich nicht tun.

Wie gehen Sie dabei vor? Im Grunde ganz einfach und auf ähnliche Art, wie Sie ihm auch sonst zeigen, dass er zurückbleiben soll. Das bedeutet: Sie halten ohne viel Buhei die Hand vor das »Objekt der Begierde«, eventuell noch begleitet von einem »Nein!« oder »Pfui!«. Heben Sie das Stück nicht auf, sondern schirmen Sie es ab, wie Sie zum Beispiel eine Kerzenflamme, einen stacheligen Kaktus oder einen Igel abschirmen würden, damit sich Ihr Welpe nicht dran verletzt.

Wenn der Welpe merkt, dass er keine Chance hat, an das verführerische Teil zu kommen, wird er sich hinsetzen und Sie anschauen. Und wenn er das nicht gleich macht, warten Sie einfach so lange, bis er es tut. Dann und erst dann heben Sie das Stück Futter vom Boden auf und geben es ihm.

Auf diese Weise erfährt er wieder einmal, dass Futter nur von Ihnen kommt. Das ist zwar leider keine 100-prozentige Garantie dafür, dass er unterwegs nichts Schlechtes frisst – vor allem wenn sich das außerhalb Ihres Blickfeldes abspielt. Aber Sie zeigen ihm damit trotzdem jedes Mal aufs Neue: Nicht alles, das irgendwo herumliegt, kannst du einfach so fressen. Auch das gehört von nun an zu Ihren Aufgaben als verantwortungsvoller Hundebesitzer.

Wenn in der Küche mal etwas herunterfällt, kann man gleich üben, dass der Welpe nicht alles nehmen darf.

ZUM SCHLUSS: DIE RUHEPHASE

Jede der den Tag strukturierenden Einheiten endet damit, dass es sich der Welpe bequem macht und zur Ruhe kommt – am besten auf seinem eigenen Platz. Nach all der Aufregung hat er sich ein bisschen Schlaf verdient.

Ihr Welpe hat nun ein bisschen die Welt erkundet, musste ein wenig »arbeiten« und hat gefressen. Jetzt ist erst mal Zeit für ein Nickerchen. Unsere Haushunde brauchen nämlich genauso viele Ruhephasen wie »wilde« Tiere. Und Welpen brauchen naturgemäß noch öfter Auszeiten als erwachsene Hunde, um alle neuen Eindrücke zu verarbeiten und sich gesund zu entwickeln. Sie schlafen daher bis zu 22 Stunden am Tag. Später reduzieren sich die Ruhephasen zwar etwas. Trotzdem sollte auch ein ausgewachsener Hund über den Tag verteilt noch immer auf 16 bis 20 Stunden Schlaf kommen, damit es ihm gut geht.

Warum Ruhe so wichtig ist

Momente der Ruhe sind für die Bindung genauso wichtig wie Spazierengehen oder andere gemeinsam verbrachte Zeit. Nur wenn Sie Ihrem Welpen die Gelegenheit geben, zur Ruhe zu kommen, fühlt er sich gut behandelt und kann sich entspannen. Bekommt er diese Chance nicht, kommt er schnell in einen Zustand der Erregtheit, ist überdreht, angespannt, nervös und gestresst. Im Gegenzug nimmt das Gefühl der Sicherheit und des Aufgehoben-Seins immer mehr ab. Alles, was Sie beim Spazierengehen, Spielen, Füttern aufzubauen versuchen – nämlich dass Ihr Welpe sich bei Ihnen sicher fühlt und Sie als verantwortungsvollen Anführer anerkennt –, wäre damit für die Katz.

Hunde sind aktive Tiere, und Welpen sind erst recht sehr lebhaft. Deshalb fällt es ihnen oft sehr schwer, sich von selbst eine Auszeit zu nehmen und zurückzuziehen. Viele Hundebesitzer unterstützen das noch, weil sie das Schlafbedürfnis ihres Welpen unterschätzen und der Meinung sind, dass sie ihn eigentlich noch viel mehr beschäftigen müssten, als sie es ohnehin schon tun. Dabei ist Ruhe mindestens genauso wichtig für die Ausgeglichenheit, wenn nicht sogar noch wichtiger.

»Ausreichend Ruhe ist eine wichtige Voraussetzung, damit sich Ihr Welpe sicher und geborgen fühlt.«

Will der Welpe nicht liegen bleiben, muss man ihn sanft, aber konsequent immer wieder auf seinen Platz bringen.

Je aufgekratzter der Welpe ist, desto schwerer lässt er sich »kontrollieren«. Außerdem besteht die Gefahr, dass man sich von seiner inneren Unruhe anstecken lässt und deshalb in der Kommunikation selbst immer weniger klar und deutlich wird. Eine Spirale entsteht.

Sein Platz ist ein Zeichen der Ruhe

Für Ihren Hund ist es wichtig, dass Sie Ihr Leben mit ihm teilen, aber er braucht, wie Sie, auch einen Platz, an den er sich zurückziehen kann. Sein Platz ist für Ihren Welpen das Zeichen für Ruhe und somit ein extrem wichtiges Hilfsmittel, damit er besser zur Ruhe findet.

In seinem früheren Zuhause wusste Ihr Welpe ganz genau, wo das ist. In der neuen Umgebung müssen Sie ihm erst noch zeigen, dass es auch bei Ihnen so einen Platz gibt – und zwar so, dass er ihn (an)erkennt. Das erste Mal haben Sie das bereits gemacht, als Sie sich nach der Ankunft in Ihrem Zuhause mit ihm dort hingelegt haben (siehe Seite 55). Schon damit haben Sie ihm das Gefühl geben, dass sein Platz ein Ort ist, an dem er sich uneingeschränkt wohlfühlen kann und mit dem er Ruhe und Sicherheit verbindet. Damit er das aufgrund der vielen neuen Eindrücke nicht gleich wieder vergisst, setzen oder legen Sie sich in den ersten Tagen immer mal wieder zu ihm, streicheln ihn und kuscheln miteinander. Diese Nähe fördert die Bindung. Außerdem wird Ihr Hund die positiven Gefühle später immer wieder abrufen, wenn er hier liegt.

Eins ist dabei ganz wichtig: Bleiben Sie selbst bei all dem immer schön ruhig und »heizen« Sie den Welpen nicht auf, indem Sie zum Beispiel wild über seinen Kopf wuscheln oder ihn spielerisch necken. Dieser Platz ist schließlich nicht zum Spielen da, sondern zum Ausruhen. Und je eindeutiger Sie sich diesbezüglich verhalten, desto schneller wird es Ihr Vierbeiner begreifen. Wenn Sie als gutes Vorbild vorangehen, fällt es ihm leicht, sich so zu verhalten, wie Sie es sich wünschen. Ruhig und ausgeglichen.

Allerdings ist ein junger Hund erst einmal nicht gewohnt, allein zu sein. Bisher hatte er immer seine Mutter und seine Geschwister um sich – und die Menschen, bei denen er zur Welt kam. Doch so normal es ist, dass er immer mit Ihnen zusammen sein möchte, es geht nicht. Zum einen wird es immer Situationen geben, in denen Sie Ihren Hund nicht bei sich haben können. Zum anderen muss er die Gelegenheit haben sich auszuruhen. Und das kann er nicht, wenn er Ihnen die ganze Zeit hinterherläuft.

»Manche Welpen müssen nach dem Fressen noch mal kurz raus, damit Sie bis zum nächsten Aufstehen durchhalten.«

ALLEIN AM PLATZ BLEIBEN

Solange Sie dabei sind, wird Ihr Welpe seinen Platz lieben. Er muss aber auch lernen, ihn zu genießen, wenn Sie etwas anderes machen oder irgendwann einmal (und das wird in gar nicht so ferner Zukunft der Fall sein) gar nicht zu Hause sind. Mehr noch: Er muss begreifen, dass er sich in Ihrer Abwesenheit eigentlich nur auf seinem Platz aufhalten soll. Das ist ja auch gut, denn wann sonst kann man so herrlich abschalten, ohne Angst haben zu müssen, irgendetwas zu verpassen?

Beobachten ist okay, rausklettern und nachlaufen nicht. Denn dann kann man nicht zur Ruhe finden.

Wenn man direkt danebensitzt, fällt es den meisten Welpen leicht, sich zu entspannen und einzuschlafen.

Warten Sie mit der Trennung auf Zeit nicht, bis sich der Welpe bei Ihnen »eingelebt« hat. Schließlich gehört es auch zu seinem neuen Alltag, dass Sie nicht immer bei ihm sein können. Zeigen Sie ihm das genauso von Anfang an wie das Gassigehen oder Füttern.

DER RICHTIGE ZEITPUNKT

Um dem Hund das Alleinbleiben beizubringen, ist unsere Struktur wieder einmal enorm hilfreich. Sein natürlicher Instinkt sagt Ihrem Welpen nämlich, dass nach Spazierengehen und Fressen Zeit für eine Ruhepause ist. Er kommt also automatisch in einen »Entspannungsmodus«, und genau das können Sie für Ihre Zwecke ausnutzen.
Bringen Sie ihn nach einer vollendeten »Einheit« (Aufstehen, rausgehen, pieseln, spazieren gehen, etwas spielen, fressen, eventuell noch mal kurz raus) auf seinen Platz. Sie können dazu auch gern ein Handzeichen oder einen bestimmten Befehl kombinieren. Nach dem ganzen Programm wird er müde sein und daher leichter verstehen, dass der Platz zum Ausruhen da ist.

»Die Stelle für den Platz sollte gut gewählt sein: in Ihrer Nähe, aber so, dass Sie nicht ständig daran vorbeilaufen. Sonst fällt es schwer, zur Ruhe zu finden.«

Gleichzeitig erfolgt schon der nächste Schritt: Ihr Welpe soll lernen, dass Sie auch dann da sind, wenn Sie nicht unmittelbar neben ihm stehen, sitzen oder liegen. Gehen Sie dabei langsam und respektvoll vor. Ihr Vierbeiner ist schließlich noch sehr klein, und Sie müssen nicht nur art-, sondern auch altersgerecht mit ihm umgehen (das machen wir mit unseren Kindern auch nicht anders). Damit verstärken Sie wieder die Bindung.

Bleiben Sie fürs Erste so nah, dass der Welpe Sie noch sehen kann: Wenn der Platz zum Beispiel im Wohnzimmer ist, bleiben Sie ein paar Minuten bei ihm, streicheln ihn ruhig und machen es sich dann auf der Couch gemütlich – am besten so lang, bis er wieder aufwacht. Dann wecken Sie ihn nicht versehentlich auf (also vorher entsprechend Trinken und Lesestoff bereitstellen).
Ein selbstsicherer Welpe wird, wenn er ausreichend müde ist, vielleicht schon beim ersten Mal liegen bleiben. Ein anderer braucht eventuell etwas Zeit, bis er begreift. Er steht daher erst noch wieder auf und folgt Ihnen. Bringen Sie ihn dann ruhig und ohne zu schimpfen auf seinen Platz zurück. Bleiben Sie bei ihm, bis er sich hingelegt hat, und kehren Sie ohne Aufregung und große Worte dorthin zurück, wo Sie waren. Will Ihr Vierbeiner gleich wieder aufspringen, warten Sie nochmals und machen es dann erneut – bis es irgendwann klappt. Wenn Sie ruhig und sicher bleiben, wird das nicht lang dauern.
Es geht dann ziemlich rasch weiter. Schon bei der nächsten Einheit (also nach erneutem Aufstehen, Rausgehen und Füttern) verlassen Sie schon das Zimmer. Der Welpe kann Sie dann zwar noch hören, aber nicht mehr sehen. Läuft er Ihnen hinterher, bringen Sie ihn wie gewohnt zurück und versuchen es aufs Neue. Erzwingen Sie aber nichts. Wie schnell man sich weiter weg entfernen kann, ist von Welpe zu Welpe unterschiedlich. Wenn es partout noch nicht klappen mag, bleiben Sie eben noch weiter in einem Raum mit ihm und starten dann das nächste Mal einen neuen Anlauf. Bis die innere Sicherheit stark genug ist, dass er die »Trennung« aushält.

Der nächste Schritt macht einigen schon mehr zu schaffen. Daher ist Geduld gefragt. Der Welpe bestimmt das Tempo.

Entspannt liegen ist ein Zeichen für Ausgeglichenheit. Gute Voraussetzung zum Allein-bleiben-Üben.

Im nächsten Schritt verlassen Sie dann nicht nur das Zimmer, sondern auch kurz die Wohnung beziehungsweise das Haus, etwa um den Müll rauszubringen oder nach der Post zu sehen. Dann kommen Sie wieder rein und machen irgendetwas anderes.
Klappt das, dürfen Sie beim nächsten Mal auch länger draußen bleiben und zum Beispiel beim Bäcker um die Ecke Brötchen holen oder schnell eine Tüte Milch kaufen. Das Wichtigste ist, dass Sie weiterhin achtsam mit den Bedürfnissen Ihres Welpen umgehen und sich an dem orientieren, was er schon aushalten kann. So gelingt es ihm, mehr und mehr ein Gefühl der Sicherheit zu entwickeln, und er lernt, dass sein Platz derjenige Ort ist, an dem er ohne große Sorgen auch mal allein bleiben kann.

AUF DEN PLATZ SCHICKEN

> »Zur Ruhe kommen zu können ist eine wichtige Voraussetzung für einen souveränen Hund.«

Hat Ihr Welpe verstanden, wo sein Platz ist und dass er dort Ruhe und Sicherheit findet, wird er sich, wenn er eine Auszeit braucht, immer öfter von allein dorthin zurückziehen. Er ist schließlich nicht dumm und weiß, was ihm guttut. Freuen Sie sich, dass er gelernt hat, sich selbst zu regulieren.
Umso wichtiger ist es aber auch, dass Sie und alle anderen Familienmitglieder in so einem Moment seinen Wunsch nach Ruhe respektieren und ihn nicht stören. Das gilt ganz besonders, wenn Sie kleine Kinder haben. Denn die wollen oft gerade dann mit dem Welpen kuscheln, wenn er so schön gemütlich herumliegt. Das mag aus Kindersicht verständlich sein. Aber der Welpe hat auch ein Recht auf »Privatsphäre«.
Ein weiteres Plus, wenn der Welpe weiß, was sein Platz bedeutet: Sie können ihn auch dorthin schicken, wenn Sie selbst einmal Ihre Ruhe haben wollen oder der Meinung sind, dass er ein bisschen »runterkommen« soll. Er weiß dann nämlich nicht nur, dass sein Platz ein toller Ort zum Ausruhen ist, sondern versteht im Umkehrschluss auch, dass er dort ruhig sein soll. Und wenn er es nicht sofort einsieht, bringen Sie ihn genauso sanft, aber nachgiebig immer wieder dorthin zurück, wie Sie es beim Allein-bleiben-Üben gemacht haben. Er erkennt dann recht rasch wieder, was Sie von ihm wollen. Wie gesagt: Er ist ja nicht begriffsstutzig.

RUHIGER MENSCH, RUHIGER HUND

Wenn Ihr Welpe zur Ruhe kommt, fällt jegliche Anspannung von ihm ab. Er ist nicht ängstlich und verunsichert, sondern sorglos und frei. Ruhe ist also das Gegenteil von Unsicherheit und gleichzusetzen mit totaler Entspanntheit. Wenn er zur Ruhe kommt, geht es ihm gut, und er ist glücklich. Allerdings kann Ihr Welpe diesen gelösten Zustand nur mit Ihrer Hilfe erreichen. Sie als Mensch sind verantwortlich dafür, dass er Ruhe findet. Und dazu müssen Sie selbst ruhig, ausgeglichen und sich dessen, was Sie tun, ganz sicher sein. Nur wenn Sie souverän auftreten, kann Ihr Welpe die Verantwortung an Sie abgeben, sich Ihnen voll und ganz anvertrauen und sich um die Dinge kümmern, die er lernen soll.
Sie selbst profitieren davon übrigens auch. Denn sein positives Verhalten verstärkt gleichzeitig auch Ihre Sicherheit, sodass es Ihnen von Tag zu Tag immer leichter fällt, die Ruhe zu geben, die Ihr Hund braucht. Kurzum: Sicherheit und Ruhe sind das Geheimnis für das gute, harmonische Zusammenleben.

WOCHE ACHT BIS ZWÖLF: DAS GROSSE LERNEN

Die Welpen suchen immer stärker die Nähe des Menschen. Sie brauchen mich jetzt nicht mehr nur als »Mama«, sondern als Partner, der ihnen die (Menschen) Welt zu Pfoten legt und ihnen zeigt, wie man sich sicher in ihr zurechtfindet.

Alle sind startbereit: Nur im Nest herumzukugeln langt den Welpen schon lange nicht mehr.

Je älter die Welpen wurden, umso mehr suchten sie die Nähe des Menschen – als Partner, der ihnen die (Menschen)Welt zu Pfoten legt und ihnen zeigt, wie man sich sicher in ihr zurechtfindet. Das bedeutete, dass ich mich von Tag zu Tag mehr auf meine »Menschenrolle« konzentrieren konnte. Ungefähr 40 Prozent von mir waren zwar nach wie vor Hundemama, aber der Rest war der Mensch, zu dem die Welpen eine Beziehung aufbauen sollten. Der Rest war ich, José.

STARKE BINDUNG

Was mir damals das erste Mal auffiel: Die Welpen mochten andere Hunde, Sie liebten mich und ließen sich alles zeigen. Aber sie hatten auch immer noch eine sehr starke Bindung zueinander. Das ist bis heute so geblieben und liegt wohl an ihrer einzigartigen Geschichte.
In dieser Phase jedoch war das nicht immer von Vorteil. Sie sollten ja eigentlich unabhängiger voneinander werden, so wie »normale« Welpen, die in wenigen Wochen voneinander getrennt würden und dann allein zurechtkommen müssten. Mein Ziel war es, dass sie zu selbstständigen souveränen Hunden heranwachsen. Denn die Welpen sollten nicht nur Teil der Familie sein, sondern später auch als Therapiehunde anderen Vierbeinern helfen, sich in der Menschenwelt besser zurechtzufinden. Anderseits macht es mir das auch manchmal einfacher, ihnen verschiedene Sachen beizubringen. Denn ich konnte ihren Zusammenhalt nutzen, indem ich erst den mutigeren Welpen mit neuen Dingen und Situationen konfrontierte. Der machte

Ich bin immer der Partner, nicht mehr nur Mama. Jetzt ist es meine Aufgabe, ihnen die Welt zu zeigen.

meist schnell bereitwillig mit – und riss so die anderen mit. Weil sie ihn sehr genau beobachteten und erkannten, dass überhaupt nichts dabei war.
Um auf die individuellen Bedürfnisse jedes Hundes einzugehen, habe ich sie immer wieder auch voneinander getrennt, um allein Zeit mit ihnen zu verbringen. Und dabei das zu tun, was sie besonders gern machten. Der eine wollte viel kuscheln, der andere war gern bei den Pferden ... Im Grunde habe ich alles gemacht, wie ich es in diesem Buch beschrieben habe –, aber eben mit fünf Welpen gleichzeitig. Das war manchmal eine ganz schöne Herausforderung. Aber es hat sich gelohnt.

VON SCHÜLERN UND LEHRERN

Was mir noch auffiel und was sich ebenfalls bis heute nicht geändert hat: Alle fünf Doggen reagieren meinen Emotionen gegenüber sehr viel sensibler als meine anderen Hunde. Manchmal kommen sie mir fast vor wie kleine Pferde (nicht wegen ihrer Statur, sondern wegen ihrer Feinfühligkeit). Sie waren deshalb nicht die einzigen, die in dieser Zeit eine Menge gelernt haben. Auch ich habe mich mit ihnen weiterentwickelt. Für mich sind meine Doggen die besten Lehrer, die ich mir vorstellen kann. Durch sie habe ich mich selbst immer besser kennengelernt, habe gelernt, mein eigenes Verhalten immer wieder zu hinterfragen und mich mehr unter Kontrolle zu haben. Ich habe durch sie gelernt, andere Hunde besser zu verstehen und besser mit ihnen umzugehen. Und ich lerne es durch sie heute noch jeden Tag. (Wie schnell die Doggen Fortschitte machten, sehen Sie auf Seite 138 und 139).

Das Halsband ist noch ungewohnt, daher wird das Tragen wie so vieles jeden Tag geübt.

LERNEN

HELFEN

Ein paar Dinge muss Ihr Welpe können, damit er in unserer »Menschenwelt« gut zurechtkommt. Aber mit Ihrer Unterstützung fällt ihm das nicht schwer. Er will ja lernen.

WELPEN WOLLEN LERNEN

Ein junger Hund ist neugierig, wissbegierig und will herausfinden, wie das Leben funktioniert. Zeigen Sie es ihm, damit er sich schnell zu dem Partner auf vier Pfoten entwickelt, den Sie sich wünschen.

Das Wichtigste, worauf es ankommt, ist, dass sich Ihr Welpe bei Ihnen immer sicher, geborgen und gut aufgehoben fühlt. Indem er Ihnen bedingungslos vertrauen kann, schaffen Sie nämlich überhaupt erst die Voraussetzung fürs Lernen. Und lernen muss Ihr Welpe, weitaus mehr als »nur« stubenrein zu werden oder Ihnen nicht immer und überall hinterherzulaufen. Schließlich muss er sich (hoffentlich) viele, viele Jahre in Ihrer Menschenwelt zurechtfinden. Und die unterscheidet sich in der Regel nun mal doch deutlich von dem, was man gemeinhin als freie Wildbahn bezeichnet.
Mehr noch: Der Hund soll sich nicht nur auskennen, sondern sich dabei auch wohlfühlen. Und Sie übrigens auch. Kein Hundehalter möchte unterwegs schief angeschaut oder vielleicht sogar angefeindet werden, weil sein Vierbeiner sich nicht benimmt und andere sich von ihm belästigt fühlen. Und er will auch nicht selbst jeden Tag mit ihm »ausdiskutieren«, was dieser tun soll und was nicht. Deshalb muss jeder Hund lernen, wie man sich in den unterschiedlichsten Situationen verhält. Und am besten lernt er das gleich von Anfang an.

Die Sache mit den Regeln

Lernen ist zwar wichtig, aber viele Leute mögen den Begriff »Erziehung« nicht besonders. Vielleicht weil für sie dabei irgendwie immer die »Strafe« mitschwingt. Oder auch, weil Erziehung schnell sehr kopfgesteuert ist. Beides aber ist genau der falsche Weg, um Hunden etwas beizubringen.
Das heißt nicht, dass Hunde – und insbesondere Welpen – keine Regeln bräuchten. Im Gegenteil. Ihr Welpe will (und muss) sich schließlich an Ihr Leben anpassen. Das liegt ihm in den Genen. Er folgt damit seiner Natur. Allerdings muss er dazu verstehen, wie Ihr Leben funktioniert und dass es ein paar (Spiel)Regeln gibt, damit sich alle wohlfühlen. Er kann eben nicht alle anderen Hunde und Menschen anbellen, genauso wenig wie

> *»Welpen lernen von Geburt an: erst von ihrer Mutter und ihren Geschwistern, dann von uns Menschen.«*

er sich so sehr vor Autos zu fürchten braucht, dass jeder Spaziergang zu einem wahren Spießroutenlauf wird. Regeln erleichtern dem Welpen den Alltag, weil er weiß, was Sie von ihm erwarten und wie er sich verhalten soll. Indem Sie Regeln aufstellen, zeigen Sie ihm, dass Sie die Verantwortung übernehmen und er diese an Sie abgeben kann. Regeln machen das Zusammenleben leichter, so wie die Struktur den Alltag leichter macht. Und übrigens: Durch Regeln tut sich der Welpe auch beim Lernen viel leichter, weil er schneller versteht, was man meint und von ihm will. Ist eigentlich auch klar.

WAS DARF IHR WELPE?

Welche und wie viele Regeln Sie aufstellen, ist eine sehr persönliche Entscheidung. Die einen finden es schön, wenn ihr Hund mit ihnen auf dem Sofa liegt, die anderen nicht. Dafür macht es ihnen vielleicht nichts aus, wenn er beim Essen direkt neben dem Tisch sitzt (immer in hoffnungsvoller Ewartung), was die anderen wiederum total stört. Ich zum Beispiel mag es gar nicht, wenn zu viele Hunde in meiner Küche herumliegen, weil der Platz dort nicht gerade üppig ist. Herumlaufen ist okay, liegen nicht.

HUNDEINSTINKTE

Mit dem Welpen lernen bedeutet im Grunde nichts anderes, als ihm die Spielregeln zu zeigen, damit er sich bei und mit Ihnen nicht unwohl fühlt. Das ist äußerst wichtig für sein ausgeglichenes Seelenleben. Sobald sich ein Hund nämlich dauerhaft unsicher fühlt, weil sein Mensch ihm weder die nötige Ruhe noch die nötige Sicherheit vermittelt, schaltet sein genetisches Programm um. Alles in ihm ist dann darauf gepolt, die Schwäche des Menschen zu kompensieren und selbst die Verantwortung in der und für die Gruppe zu übernehmen. Die Schwierigkeit dabei ist: Er wird das tun wie ein Hund, und genau aus diesem Grund wird er nicht in der Lage sein, die Probleme zu lösen. Eben weil er ein Hund ist und ihn deswegen viele Menschenwelt-Probleme einfach überfordern.

Der unbedarfte Mensch ahnt von all dem nichts. Er wundert sich vielleicht, dass sein Hund immer so an der Leine zieht. Dabei übernimmt der doch nur seine ihm übertragene Verantwortung und läuft voraus, um die Gegend abzuchecken. Er knurrt dann vielleicht auch, wenn man seinem Futternapf zu nahe kommt. Das Dilemma: All das bereitet ihm kein Vergnügen, im Gegenteil. Hunde machen nichts lieber, als ihren Menschen zu folgen. Selbst die Verantwortung tragen zu müssen bedeutet für sie dagegen puren Stress – der die Vierbeiner auf Dauer sogar richtig krank machen kann. Ganz abgesehen davon, dass die Mensch-Hund-Beziehung vermutlich immer mehr abkühlt, weil sich der Hundehalter mit so einem Hund auch immer weniger wohlfühlt.

Keine Frage, auf dem Sofa ist es äußerst beqeuem. Aber nicht der Welpe bestimmt, ob er darauf liegen darf.

Worauf ich hinauswill: Die Regeln, die Sie aufstellen, müssen zu Ihnen und Ihrem Leben passen. Sie sind die Richtlinie! Dabei ist es egal, wie viele Regeln Sie haben. Wichtig ist, dass Sie überhaupt welche haben. Denn nur so kann Ihr Welpe sich anpassen.

Die allerwichtigste Regel jedoch gilt für Sie selbst. Sie lautet: Verhalten Sie sich immer so, dass Ihr Welpe Sie versteht und sieht, dass Sie die Verantwortung übernehmen. Das ist nicht nur die Basis für erfolgreiches Lernen, sondern überhaupt für eine harmonische Mensch-Hund-Beziehung.

Ihr Welpe nimmt schließlich nicht nur Ihre Worte wahr, sondern registriert auch Ihre Stimmung. Er weiß, wenn die Laune im Keller ist oder Sie genervt sind. Egal was Sie dann sagen: Es wird den Welpen verunsichern, und er wird entsprechend unsicher sein. Keine gute Voraussetzung zum Lernen. Nur wenn Sie selbst ruhig und sicher sind, wird Ihr Welpe Sie als Verantwortlichen ansehen. Dadurch wird eine harmonische Beziehung entstehen, in der man Schwierigkeiten gemeinsam überwinden kann. Alles andere kommt dann fast von allein.

Lektion 1 für den Menschen: Aufgeregt lernt es sich nicht gut. Zuerst muss man den Welpen zur Ruhe bringen.

AUSNAHME VON DER REGEL?

Wenn Ihr Welpe größer ist, können Sie auch mal Ausnahmen von der Regel machen und ihn »einladen«, etwas zu tun, was er sonst nicht darf. Wenn er kapiert hat, wie der Hase normalerweise läuft, begreift er nämlich, dass es sich dabei um eine einmalige Angelegenheit handelt – spätestens wenn Sie bei seinem Versuch, es noch mal so zu machen, wieder konsequent bleiben.
Solange der Hund noch klein ist, würde ich das aber nicht empfehlen. Wenn Sie einmal »Hü« sagen und einmal »Hott«, kommt er schnell aus dem Takt und ist unsicher, was er nun tun darf und was nicht. Das stresst ihn – und Stress belastet die Hundeseele. Außerdem weiß er, wenn er die Regeln nicht kennt, gar nicht, wann Sie eine Ausnahme machen und wann nicht.
So wichtig es ist, dem Welpen zu zeigen, wie wir leben, so wichtig ist es trotz allem auch, ihm ab und zu gewisse Freiheiten zu lassen (das gilt genauso, wenn er erwachsen ist). Ich selbst ändere daher auch immer wieder mal eine Regel, die ich mir eigentlich vorgenommen hatte. So wie aktuell bei Betty und Elly. Weil beide zusammen bei mir aufwachsen, und ich beide immer besser kennenlerne, ändere ich meine Regeln so, dass sie für uns alle drei passen. So wachsen wir zu einem guten Team zusammen.
Worauf ich hinauswill: Bei allen Regeln darf man nie die individuellen Bedürfnisse des Hundes außer Acht lassen. Es ist Ihre Aufgabe, Ihren Hund zu erkennen und zu merken, ab wann etwas nicht mehr gut für ihn ist. Während der Welpenzeit und auch später.

Zeit zum Lernen

Indem Sie seinen (und Ihren) Tag strukturieren, geben Sie Ihrem Welpen schon eine der wichtigsten Regeln im Hundeleben vor: Es gibt Phasen der Aktivität und Phasen der Ruhe. Und innerhalb dieser gibt es wieder Regeln, die Sie Ihrem Welpen ganz nebenbei beibringen und die er genauso nebenbei lernt. Zum Beispiel das An-der-Leine-Gehen. Oder das »gesittete« Fressen. Oder dass Sie nicht immer neben ihm sitzen, während er auf seinem Platz liegt.

Vielleicht soll Ihr Hund aber auch noch das ein oder andere lernen, was nicht zwangsläufig etwas mit dieser Tagesstruktur zu tun hat? Zum Beispiel Autofahren? Viele Hundehalter neigen dazu, solche Dinge in der aktiven Phase zu üben. Ist ja auch irgendwie verständlich. Der Hund soll schließlich etwas tun. Ich versichere Ihnen aber: Sie werden sehr viel schneller Erfolge sehen, wenn Sie erst die Ruhephase fürs Training nutzen. Der Grund: Nach dem Spaziergang hat Ihr Welpe ganz instinktiv seine natürliche Position gefunden. Er fühlt sich völlig sicher – und genau diese innere Ruhe ist die beste Voraussetzung dafür, dass er aufgeschlossen genug ist, um wirklich lernen zu können.

Ich würde Ihnen deshalb empfehlen, auch alle ungewohnten Dinge wie Fell- oder Zahnpflege immer auf die Ruhephase zu legen. Der Welpe ist dann viel weniger aufgeregt und gewöhnt sich schneller daran. Ganz nebenbei tragen so auch diese »lästigen Pflichten« zu einer stärkeren Bindung bei.

Apropos Bindung: Nicht wenige befürchten, dass vor lauter Lernen und »Disziplin« die Zeit zum Kuscheln auf der Strecke bleibt. Aber da kann ich Sie beruhigen. Natürlich dürfen Sie Ihrem Welpen zeigen, wie sehr Sie ihn lieben. Ich würde das nur nicht gerade tun, wenn Sie irgendetwas Besonderes von ihm erwarten. Sondern, wenn er »Auszeit« hat, unaufgeregt und ruhig ist. Dann geben ihm Ihre Streicheleinheiten nämlich noch mehr Ruhe und Sicherheit – und er kann sie viel besser genießen. Sie selbst übrigens auch!

MUSS EIN WELPE IN DIE SCHULE?

Ich werde sehr oft gefragt, was ich von Hundeschulen halte. Meine Antwort: Ob Sie mit Ihrem Welpen in eine Hundeschule gehen oder nicht, ist wieder eine ganz persönliche Entscheidung. Ich finde eine Hundeschule gut, wenn man dem Hundehalter dort zeigt, wie er seinen Hund erkennen, die Verantwortung für ihn übernehmen und ihm Struktur geben kann. Und wie er das alles in den Alltag integriert. Schließlich will Ihr Welpe mit ihnen leben und von Ihnen lernen. Genauso wie er es in einer Hundefamilie auch tun würde. In der Natur findet Lernen nämlich ebenfalls im alltäglichen Miteinander statt. Nur durch den gemeinsamen Alltag kann Ihr Welpe zu einem souveränen Hund heranwachsen.

DIE ERZIEHUNGS-BASICS

Viele Dinge lernt Ihr Welpe allein schon dadurch, dass Sie seinen Tag strukturieren. Ein paar Dinge müssen Sie aber auch gezielt einüben. Aber auch das tun Sie am besten ganz entspannt und nebenbei.

Es liegt in der Natur der Dinge, dass sich Welpen ganz anders verhalten als erwachsene Hunde. Sie sind, was die Spielregeln angeht, einfach noch sehr unerfahren, selbst wenn sie aus einer verantwortungsvollen Aufzucht kommen. Wie sollen sie in so wenigen Wochen auch alles gelernt haben? Das ist jetzt Ihre Aufgabe!

Das sollte Ihr Welpe können

Wie schon bei den Regeln ist es wieder eine sehr persönliche Angelegenheit, was man seinem Welpen beibringt. Dem einen Hundehalter genügt es völlig, wenn sein Hund ein paar grundsätzliche Dinge weiß und beherzigt. Der andere differenziert viel genauer: Ihm reicht es zum Beispiel nicht, dass der Hund einfach »nur« ruhig vor der Bäckerei wartet, während er die Semmeln holt. Er möchte, dass sich der Vierbeiner dabei an einer ganz bestimmten Stelle hinlegt. Oder sich an der Ampel hinsetzt. Wieder andere bringen schon im Welpenalter die verschiedensten Kunststücke bei, wie Pfote abklatschen und auf dem Boden herumrollen.

Ich persönlich finde, dass es ein paar grundlegende Basics gibt, die jeder Hund können sollte – und das sind:

- Respekt zeigen und Menschen nicht anspringen oder zwicken (siehe ab Seite 114).
- Länger allein bleiben, ohne die Wohnung zu verwüsten oder die halbe Nachbarschaft mit seinem Gejaule verrückt zu machen (siehe Seite 118–121).
- Autofahren, ohne Theater zu machen (siehe Seite 124 ff.).
- Sich an der Tür benehmen (Seite 122–123).
- Sitz machen, Platz machen und auf Rufen herbeikommen (mehr dazu ab Seite 127).
- Spazierengehen für Fortgeschrittene, bei dem der Hund entspannt an der Leine geht und sich anderen Hunden und Menschen gegenüber souverän verhält. Und soll er auch mal ohne Leine laufen, muss er genauso bei seinem Menschen bleiben und ihm »folgen« – nicht Dutzende Meter vornweg rennen oder irgendwo im Windschatten zurückfallen (siehe ab Seite 130).

Alles andere ist wie gesagt Typsache – und das bezieht sich auf den Hund genauso wie auf sein Herrchen beziehungsweise Frauchen. Es ist Ihre Entscheidung.

GEDULD, GEDULD

Ihr Welpe ist noch nicht konditioniert. Das heißt, er hat ein bestimmtes Kommando oder Zeichen noch nicht mit der Handlung verknüpft, die Sie erwarten. Sie müssen ihm daher immer wieder zeigen, was Sie von ihm wollen. Und das dann so lange immer wieder wiederholen, bis er es gelernt hat. Vergessen Sie dabei nie: Nicht alles, was Sie von ihm wollen, erscheint ihm unbedingt logisch. Daher dauert das Ganze manchmal auch etwas länger. Verlieren Sie nicht die Geduld, sondern üben Sie einfach mit ihm weiter. Ich verspreche Ihnen: Es lohnt sich!

Respekt zeigen

Wie alle Kinder benehmen sich Welpen ab und an ziemlich daneben. Und wie bei allen »Eltern« stört davon einen Welpenbesitzer das eine, einen zweiten das andere. Entsprechend stellen alle ihre Regeln auf.
Für mich persönlich stehen zwei Dinge ganz oben auf der Schlechtes-Verhalten-Liste: Erstens zwicken und beißen, zweitens bedrängen und hochspringen. Dies alles sollte ein Welpe nicht tun – und ein erwachsener Hund natürlich erst recht nicht. Ich bin nämlich der Meinung, dass alle Lebewesen respektvoll miteinander umgehen sollten. In Bezug auf den Welpen heißt das, dass Sie nicht mehr verlangen dürfen, als er aufgrund seiner Art und seines Alters überhaupt in der Lage ist zu erfüllen. Genauso heißt das aber auch, dass Ihr Welpe sich nicht alles herausnehmen darf und Ihnen ebenso viel Respekt entgegenbringen sollte wie Sie ihm. Im Gegensatz zu Ihnen weiß er das jedoch noch nicht. Sie müssen es ihm erst beibringen.

»Die Freiheit des Welpen endet da, wo er die Freiheit anderer verletzt.«

ZWICKEN UND KNABBERN

Wenn ein Welpe zur Welt kommt, wird er von seiner Mutter gepackt, hochgenommen, abgeleckt und massiert. Die ersten Tage und Wochen verbringt er in engem Körperkontakt mit seinen Geschwistern, ohne die er seine Körpertemperatur nicht stabil halten könnte. Später dann liefert er sich mit seinen Schwestern und Brüdern unzählige »Machtkämpfe«, um sich immer wieder auszuprobieren: Wie kräftig bin ich, was passiert, wenn ich diese Kraft einsetze? Auf diese Weise lernt er, mit seinem Körper umzugehen – und auch ihn gegen andere einzusetzen.
Genau das möchte der Welpe am Anfang auch mit Ihnen tun. Entgegen einer weit verbreiteten Meinung will er damit aber nicht klarmachen, wer der Chef ist. Er will lediglich austesten, wie er mit Ihnen umgehen kann, und worauf Sie wie reagieren.
Wenn Sie zum Beispiel auf dem Boden liegen und Ihr Welpe kommt zu Ihnen und leckt Ihnen den Mund, dürfen Sie nicht böse reagieren, auch wenn Sie es eklig finden. Ihr Welpe benutzt sein Maul instinktiv so, wie er es im Umgang mit seiner Mutter und seinen

Geschwistern getan hat. Und er hat gelernt, dass man sich so gegenseitig zeigt, wie lieb man sich hat.

Hunde haben keine Hände. Sie benutzen daher häufig ihr Maul, um miteinander zu kommunizieren. Sie können dieses dabei genau wie ihre Zähne sehr feinfühlig und zärtlich einsetzen. Manchmal jedoch überschreiten sie beim Knabbern, Zwicken und Herumkauen durchaus auch die Grenzen des für Menschen Tolerierbaren. Als sein neuer Besitzer müssen Sie ihm daher klar verständlich machen, wie weit er im Umgang mit Ihnen (und anderen Menschen) gehen darf. Lassen Sie ihn Sie dazu ruhig erst mal auf seine Art inspizieren. Wenn er dann zur Ruhe kommt, machen Sie dasselbe bei ihm. Wird es Ihnen zu viel oder geht er in Ihren Augen zu weit, schimpfen Sie nicht. Das versteht er nicht. Machen Sie ihm ruhig und überzeugt klar, dass Sie das nicht mögen. Keine Sorge, Ihr Welpe fühlt sich dadurch nicht zurückgewiesen und ungeliebt. Auch erwachsene Hunde reagieren mitunter so »streng«. Junge Hunde können daher sehr gut unterscheiden, was sie dürfen und was nicht. Sie müssen Ihrem Vierbeiner dazu nur deutlich zeigen, wann Schluss ist. So lernt er recht schnell, respektvoll mit Ihnen (und anderen Menschen) umzugehen.

Wenn der Welpen zu wild wird, muss man ihm ruhig, aber deutlich zeigen, dass er eine Grenze überschritten hat.

HOCHSPRINGEN

Mit dem Hochspringen ist es ganz ähnlich wie mit dem Zwicken. Um sich auszutesten und sich in der Gruppe zu positionieren, drängen die Welpen sich gegenseitig weg, rempeln sich an, springen aufeinander und aneinander hoch …

Für mich ist gerade das Hochspringen auch ein Zeichen dafür, dass Ihr Welpe aufgeregt ist. Genau das soll er aber nicht sein, denn Aufregung bedeutet für Hunde nichts anderes als Stress. Nicht gut! Und ziemlich kontraproduktiv. Denn Sie möchten ja, dass Ihr Welpe entspannt ist und sich sicher fühlt. Daher sollten Sie ihm helfen, sich schnellstmöglich wieder zu beruhigen. Denken Sie daran, auch wenn es Ihnen gefällt, dass Ihr Welpe Sie anspringt. Wenn er groß ist, gefällt es Ihnen womöglich nicht mehr – und Ihren Freunden auch nicht.

Am einfachsten gelingt das, wenn Sie selbst zu hundert Prozent davon überzeugt sind, dass er nicht an Ihnen (oder anderen) hochspringen soll. Denn nur wenn Sie sich dessen ganz sicher sind, kommt es über Ihre Körpersprache und Ihre Ausstrahlung auch so beim Welpen an. Sie erinnern sich: Hunde verfügen über die für uns fast schon übersinnlich anmutende Fähigkeit, unser Befinden zu deuten. Aber wenn Sie überzeugt sind, fällt es Ihnen sicher nicht schwer, gerade zu stehen, nach vorn zu gehen und dem Welpen mit dem Körper und/oder den Händen zu signalisieren, dass er nicht näher kommen soll – solange er so aufgeregt ist. Sie setzen also wieder eine imaginäre Grenze.

Es kann natürlich sein (und das ist bei jungen Hunden gar nicht so selten), dass Ihr Vierbeiner Sie in die Hände beißt, wenn Sie ihm diese als »Stoppsignal« vorhalten. Er will damit einmal mehr austesten, wie ernst Sie

AUFREGUNG BEIM NACH-HAUSE-KOMMEN

Zu viel Aufregung ist nicht gut. Viele Menschen deuten es dennoch als ein Zeichen der Freude, wenn ihr Hund zur Begrüßung an ihnen hochspringt, sobald sie nach Hause kommen. Oder wenn er ihre Gäste so »begrüßt«. Dabei ist das, was Sie als übermäßige Freude deuten, nichts anderes als Aufregung und Verunsicherung. Was der Hund in so einem Moment braucht, ist Ruhe und Sicherheit. Und die vermitteln Sie ihm am besten, indem Sie eine klare Grenze setzen – wie sonst auch, wenn er an Ihnen hochspringen will. Strubbeln Sie ihm dagegen wild durchs Fell, weil Sie sich selbst freuen, dass er sich scheinbar so freut, verstärkt das seine Aufregung noch. Der Hund versteht dann: Es ist nicht normal, wenn mein Frauchen oder Herrchen nach Hause kommen. Und deshalb kann es auch nicht normal sein, dass ich allein zu Hause bleibe. Dadurch können alle schon erzielten Erfolge ganz schnell ins Wanken geraten. Und das wäre doch schade.

Körperkontakt ist wichtig für die Entwicklung. Aber beide Seiten sollten respektvoll miteinander umgehen.

Welpen müssen lernen, dass man mit Menschen anders umgeht als mit Seinesgleichen. Auch weniger grob.

es meinen und wie weit er gehen kann. Das Beißen ist also ganz normal. Sie müssen sich weder Sorgen machen, dass Ihr Welpe nicht ausreichend sozialisiert noch dass er besonders aggressiv wäre. Sie müssen nur eins: reagieren. Zeigen Sie ihm, dass das, was er da macht, Ihnen wehtut. Das machen seine Mutter und Geschwister auch. Ihr Hund muss lernen, dass er mit Ihnen genauso vorsichtig sein muss. Sogar noch vorsichtiger. Ziehen Sie aber auch nicht einfach Ihre Hände weg. Das weckt den Jagd- und Spieltrieb im Welpen. Versuchen Sie ihn stattdessen weiter zur Ruhe zu bringen – so wie Sie angefangen haben. Auch wenn es lang dauert: Warten Sie, bis er sich völlig beruhigt hat, sich hinsetzt oder hinlegt und Sie anschaut. Halten Sie unbedingt bis zum Ende durch. Erst dann belohnen Sie ihn – unaufgeregt.

Länger allein bleiben

Mit der konsequent beibehaltenen Ruhephase nach dem Spazierengehen und Füttern (siehe ab Seite 95) gewöhnen Sie Ihren Welpen behutsam daran, immer länger allein zu Hause zu bleiben. Und solange der Welpe nicht jault, wenn Sie gehen oder außer Haus sind, sind Sie auf einem guten Weg.
Und wenn doch? Dann ist das ein deutliches Zeichen dafür, dass er wirklich verzweifelt ist und die Trennung einfach noch nicht packt. Sie brauchen deswegen aber nicht gleich drei Schritte rückwärts machen und wieder bei Null anfangen. Sehr oft genügt es schon, kritisch zu überprüfen, ob man die vorangegangenen Teile wirklich konsequent eingehalten hat. Vielleicht war der Spaziergang zu kurz? Vielleicht musste sich der Welpe aber auch nicht richtig »anstrengen«, weil er selbstständig herumschnüffeln durfte, anstatt ihnen zu folgen? Er ist dann nicht wirklich müde, und es fällt ihm schwer, zur Ruhe zu finden. Stattdessen entwickelt er Trennungsschmerz.
Vielleicht gehört Ihr Welpe auch einfach zu denjenigen Hunden, die ein bisschen länger brauchen. Jeder Hund ist verschieden, daher darf man kein Limit setzen. Aber mit der Unterstützung seiner Menschen schafft es jeder irgendwann, souverän zu Hause zu bleiben und entspannt auf die Rückkehr seines Frauchens oder Herrchens zu warten.
Was Ihrem Welpen dabei auf jeden Fall hilft: Sie selbst müssen wieder 100-prozentig davon überzeugt sein, dass es gut für ihn ist, wenn er auch mal allein ist – weil Sie wissen, dass er dann nämlich sehr gut zur Ruhe kommt. Haben Sie dagegen ein schlechtes

Gewissen, ihn allein zu lassen, spürt der Welpe Ihre inneren Konflikte, und das stresst ihn. Dass es dann immer schlechter klappt, brauche ich Ihnen wohl nicht mehr zu sagen.

AUSRUTSCHER SIND NORMAL

Auch wenn es mit dem Alleinbleiben an und für sich schon recht gut klappt, wird es mal vorkommen, dass Sie bei der Rückkehr irgendwo eine Pfütze oder ein Häufchen entdecken oder der Welpe etwas kaputt gemacht hat. Das ist am Anfang aber normal. Mancher Welpe schafft es nicht, nach dem Fressen lang zu schlafen, ohne sich vorher noch mal zu lösen. Er wacht deswegen nach kurzer Zeit auf und muss ganz dringend. Wenn Sie dann nicht da sind, um ihn gleich nach draußen zu bringen, passiert es eben.

Kauen beruhigt

Mit dem Sachen-Kaputtmachen ist es ähnlich. Kauen hat für Hunde neben dem Zerkleinern der Nahrung noch einen weiteren Zweck: Es entspannt. Fühlt sich ein Welpe überfordert, hat er gerade (zu) viel Energie, die sich anders nicht entladen kann, oder ist ihm langweilig, lässt sich beim Kauen prima Frust abbauen. Außerdem hilft es wunderbar gegen das unangenehme Jucken, wenn beim Zahnwechsel die neuen Zähne durchbrechen. Zu einem gewissen Grad ist es also ganz normal, dass Hunde, insbesondere Welpen, gerne auf Sachen herumkauen. Genauso normal ist es, dass es je nach Charakter des Hundes unterschiedlich stark ausgeprägt ist. Exzessives Kauen kann aber auch ein Zeichen dafür sein, dass das, was Sie mit dem

Aus dem Fenster zu schauen bringt einen schnell mal auf dumme Ideen, etwa bellen oder Schuhe klauen.

Hat der Welpe etwas Unerlaubtes ergattert, holt man es sich sofort zurück – ruhig, bestimmt und ohne Zerren.

Welpen machen, ihn nicht auslastet. Daher lohnt es auch hier zu überlegen, ob und wie man innerhalb der gewohnten Struktur mehr machen kann. Läuft irgendetwas nicht so, wie es sollte? Was lässt sich verbessern? Allerdings: Wenn etwas, das für uns wertvoll ist, kaputtgeht, verletzt uns das. Wir nehmen es daher irgendwie persönlich, wenn der Hund die neuen Schuhe anknabbert, das Handy zerlegt oder das Sofakissen auseinanderrupft. Das ist zwar durchaus menschlich, aber Ihr Welpe hat keineswegs etwas gegen Sie, wenn er sich so verhält. Er kann nur eben nicht mit der Situation umgehen und weiß sich im Moment nicht anders zu helfen. Er braucht mal wieder Ihre Hilfe. Sie müssen ihm zeigen, dass Sie nicht wollen, dass er auf Ihren Sachen herumkaut, beziehungsweise es keinen Grund gibt, gestresst zu sein.

Gleich wegnehmen

Wenn Sie Ihren Welpen in flagranti ertappen, wie er sich gerade über etwas hermacht, auf dem er nicht kauen darf, nehmen Sie ihm den Gegenstand sofort ab. »Kämpfen« Sie aber nicht mit ihm darum, indem Sie beide wie wild ziehen. Halten Sie stattdessen den Gegenstand, bis Ihr Welpe sein Maul öffnet. Oder öffnen Sie sein Mäulchen selbst sanft mit der anderen Hand. Laufen Sie dem Welpen auch nicht hinterher, wenn er sich mit seiner »Beute« davonmacht. Das würde ebenfalls nur seinen Jagdtrieb füttern. Warten Sie ab, bis er das Ding irgendwo liegen lässt, heben Sie es dann auf und zeigen Sie es ihm. Will er es gleich wieder nehmen, machen Sie ihm zum Beispiel mithilfe Ihrer Hand als »Stoppschild« klar, dass er zurückbleiben soll. So ähnlich wie Sie es tun, wenn beim Füttern etwas auf den Boden fällt (siehe Seite 93). Wenn er sich hinsetzt, hinlegt oder weggeht, ist das sein Zeichen dafür, dass er verstanden hat, dass das Objekt der Begierde Ihnen gehört. Nicht ihm.

Wie so oft beim Lernen heißt das leider nicht, dass das Problem damit aus der Welt wäre. Auch wenn Sie einen Gegenstand rechtzeitig »zurückerobern«, kommen Sie nicht umhin, der möglichen Ursache für das starke Kauen auf den Grund zu gehen. Und die Umstände anschließend zu ändern.

Blinde Zerstörungswut?

Knabbert ein Welpe vor allem dann Dinge kaputt, wenn sein Mensch gerade nicht da ist, ist das ein deutliches Signal dafür, dass er noch nicht ausreichend ans Alleinsein gewöhnt wurde. Er will sein Frauchen oder Herrchen nicht bestrafen, weil sie ihn allein lassen. Er ist nur so verunsichert und unruhig, dass er sich irgendwie ablenken und abreagieren muss. Schade ist nur, dass eben nicht immer ein geeignetes Kauwerkzeug verfügbar ist, wenn man es bräuchte.

Haben Sie auch hier Geduld und geben Sie Ihrem Vierbeiner die Zeit, die er braucht, um sich ans Alleinsein zu gewöhnen. Gehen Sie zurück zu der Stufe, an der er es gut verkraftet hat, ohne Sie zu sein. So erinnern Sie ihn daran, dass er es schon einmal geschafft hat. Bauen Sie auf dieser Erfahrung auf. Fragen Sie sich aber zugleich auch, ob Sie die anderen Schritte der Struktur konsequent eingehalten haben. Vielleicht hat er wegen eines unstrukturierten Tagesablaufs das Signal »Jetzt ist Ruhezeit« nicht verstanden. Dann kaut er nämlich auch aus Langeweile.

So oder so würde ich Ihnen raten, anfangs keine wertvollen Dinge herumliegen zu lassen, wenn der Welpe allein ist. Dasselbe gilt natürlich für alles, woran er sich verletzen oder das er verschlucken könnte. Wenn Sie dabei sind, dürfen Sie ihn dagegen ruhig ab und zu mal »provozieren«, indem Sie etwa Ihr Handy auf dem Couchtisch »vergessen«, Ihre Schuhe genau neben seinen Platz stellen oder das schöne Sofakissen »versehentlich« auf den Boden fallen lassen. Auch so geschieht Lernen nebenbei. Sie müssen ihn dann aber natürlich gut im Blick behalten.

Wird die Struktur eingehalten, ist der Hund müde und schläft. Es gibt keine Gelegenheit etwas kaputt zu machen.

Weil Welpen neugierig sind, laufen sie am Anfang ganz selbstverständlich auch zur Tür, wenn es klingelt.

Sich an der Tür benehmen

Weil Welpen sehr neugierig sind, ist es normal, dass sie an die Tür kommen, wenn jemand klingelt oder klopft beziehungsweise wenn Besuch hereinkommt. Ganz besonders wenn Ihr Welpe zu den mutigen Charakteren gehört (siehe Seite 20). Er muss jedoch lernen, souverän mit der Situation umzugehen und sich ruhig zu verhalten. Wenn er jedes Mal vor Aufregung bellen oder herumspringen würde, lägen die Nerven bald blank – und wenn es nicht Ihre eigenen sind, dann sind es zumindest die Ihrer Nachbarn. Ganz abgesehen davon, dass es auch nicht allen Postboten und Gästen gefällt, derart überrumpelt zu werden. Verhalten Sie sich daher von Anfang an so, dass Ihr Welpe versteht, was er zu tun hat.

DIE AUFREGUNG NEHMEN

Ihr Welpe beobachtet genau, wie Sie reagieren, wenn es an der Tür klingelt. Er sieht, dass Sie aufspringen, und er wird Ihnen mit großer Wahrscheinlichkeit folgen. Eigentlich ist das gut, denn es bedeutet, dass er Sie wahrnimmt und ein Teil von Ihnen sein will. Er ist aber auch gespannt und aufgeregt, was jetzt passiert. Und das ist nicht gut. Wenn Sie diese Aufregung (versehentlich) füttern – zum Beispiel, indem Sie mit quietschender Stimme fragen »Ja wer kommt denn da?« oder auch indem der Besuch ihm gleich ein lieb gemeintes Leckerli zusteckt –, wird er später bei jedem Klingeln durchdrehen. Damit es erst gar nicht so weit kommt, empfehle ich Ihnen, Ihrem Welpen vom ersten Klingeln an zu zeigen, wie er sich verhalten soll, wenn jemand an der Tür ist.

Zeigen Sie ihm, dass Sie nicht böse auf ihn sind, wenn er mit Ihnen mitlaufen will (also auf keinen Fall schimpfen). Drehen Sie stattdessen um und bringen Sie ihn auf seinen Platz. Das hilft ihm, von der Aufregung zur Ruhe zu kommen. Das gelingt natürlich leichter, wenn Sie selbst die Prozedur ebenfalls möglichst ruhig und gelassen angehen. Bleiben Sie bei ihm, bis er sich beruhigt hat und liegen bleibt. Dann stehen Sie auf und gehen allein zur Tür. Vermutlich wird das nicht sofort klappen. Ihr Welpe muss auch gar nicht unbedingt gleich auf dem Platz bleiben. Es sollte aber schon deutlich zu erkennen sein, dass er ruhiger geworden ist. Damit Postboten und Gäste nicht schon längst wieder weg sind, ehe Sie schließlich irgendwann die Tür öffnen, empfehle ich alle

zu informieren, dass ein junger Hund eingezogen ist und Sie ihm erst noch beibringen müssen, wie er sich verhalten soll, wenn es an der Tür klingelt. Und dass es deshalb auch mal länger dauern kann. Ihre Freunde werden dafür sicher Verständnis haben.
Kurz noch mal zum Gast mit dem Leckerli: Ich finde, dass man auch ihm den nötigen Respekt entgegenbringen sollte und ihn nicht einfach vor den Kopf stoßen darf, indem man ihm verbietet, den Hund zu verwöhnen. Eine ziemlich elegante Art, sich aus der Affäre zu ziehen: Bitten Sie Ihren Gast, dass der Hund ihm zeigen darf, was er schon kann. Lassen Sie ihn dann in Ruhe herankommen, sich vielleicht sogar hinsetzen – und als Belohnung dafür gibt es anschließend das Leckerli. Ist ja nicht alle Tage!

Unsicherer Welpe

Je nach Charakter kann der Welpe aber auch ganz anders reagieren, wenn es an der Tür schellt oder fremde Leute in die Wohnung kommen. Er bleibt dann vielleicht verschüchtert in der Ecke und will gar nicht zu Ihnen kommen, um zu schauen, was los ist.
Das klingt vielleicht erst mal weniger anstrengend, ist aber auch nicht optimal. Denn das mag zwar ab und zu ganz praktisch sein. Tatsächlich aber ist es ein Zeichen, dass Ihr Hund sich in seinem Zuhause und bei Ihnen nicht richtig sicher fühlt. Animieren Sie Ihren »Angsthasen« daher unbedingt freundlich, zu Ihnen zu kommen, wenn es klingelt, zum Beispiel indem Sie sich hinhocken und ihn rufen und locken. Loben Sie ihn ruhig, wenn er sich traut. So gewinnt er mit der Zeit mehr und mehr an Sicherheit.

Besser ist es, wenn er erst mal abwartet. Man bringt ihn daher zurück auf seinen Platz, bis er es verstanden hat.

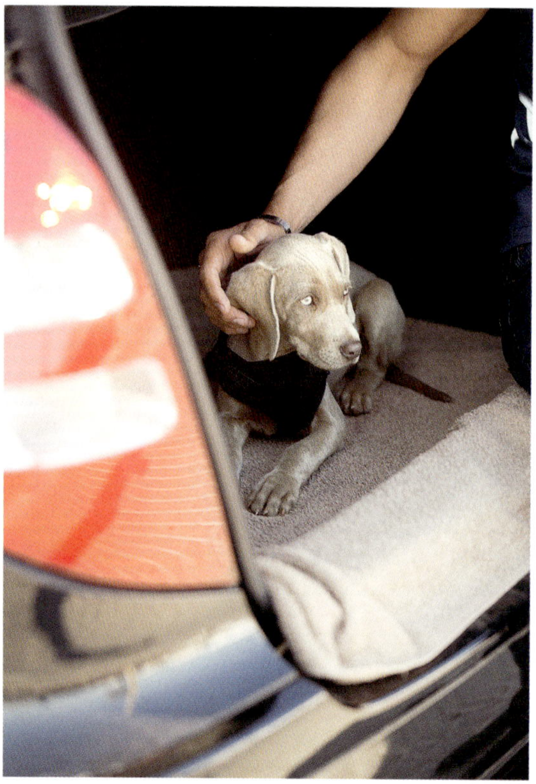

Ist der Welpe eingestiegen, gibt man ihm die Zeit, sich zu beruhigen, die er braucht. Erst dann heißt es: Klappe zu.

Autofahren

Autofahren gehört heutzutage zu unserem Leben einfach dazu. Deshalb muss es für Ihren Welpen etwas genauso Selbstverständliches werden wie das Spazierengehen, das Fressen oder das Spielen.

Wenn ein Hund aus einer verantwortungsvollen Aufzucht kommt, hat er vermutlich ohnehin schon erste Kontakte mit dem fahrbaren Untersatz geknüpft. Mutige Charaktere haben dann vielleicht gar kein Problem mehr damit herumzufahren. Es gibt aber Welpen, die länger brauchen, bis sie sich an das Wackeln, den ungewohnten Raum und/oder den komischen Geruch gewöhnt haben. Anderen wird im Auto einfach schnell übel, und sie fahren deshalb nicht gerne. Dann heißt es: üben, üben und noch mal üben.

AUTO HEISST RUHE

Was alle Welpen, die unsicheren aber ganz besonders, lernen müssen: Das Auto ist ein Platz zum Ausruhen. Und sie verstehen das am schnellsten, wenn sie es dann üben, wenn eine Ruhephase angesagt wäre. Weil sie dann ohnehin auf »Auszeit« schalten.

Ihr Welpe findet vermutlich aber nur schwer (oder gar nicht) zur Ruhe, wenn Sie ihn einfach ins Auto verfrachten und ihn dann gleich wieder »allein« lassen, weil Sie sich selbst hinters Steuer setzen. Bleiben Sie daher noch bei ihm sitzen, bis er sich hinsetzt oder hinlegt. Sie können ihn auch streicheln oder mit leisen Worten ermutigen. Machen Sie aber nicht zu viel, sonst regen Sie ihn versehentlich nur noch mehr auf.

Ist er irgendwann sichtlich entspannt, stehen Sie ruhig auf und schließen Tür oder Klappe. Ich weiß, das klingt recht aufwendig. Und das Wichtigste ist tatsächlich, dass Sie nicht die Geduld verlieren. Üben Sie daher nicht gerade dann, wenn Sie dringend irgendwohin müssen, sondern die dafür nötige Zeit haben. Auch die, notfalls wieder von vorn anzufangen, wenn der Welpe aufspringt, sobald Sie aufstehen, um die Klappe zu schließen. Ziehen Sie es durch! Ihr Welpe hat nur dann das Gefühl, dass er Ihnen vertrauen kann, wenn Sie selbst entspannt sind und ihm zeigen: »Keine Sorge, ich habe alles unter Kontrolle. Dir passiert nichts.« Nur dann kann er lernen, gelassen zu bleiben.

Übung macht den Meister

Wenn Sie das Gefühl haben, dass Ihr Welpe zwar gerne einsteigt, aber unruhig wird, wenn der Motor zu laufen beginnt, rate ich Ihnen erst einmal »blind« zu üben: Sie lassen den Motor laufen, setzen sich aber nicht hinters Steuer, sondern zu Ihrem Hund, um ihn zu beruhigen. Die meisten verstehen so mit der Zeit, dass sie sich von dem Geräusch nicht aus der Ruhe bringen lassen müssen. Für Welpen, die es gewohnt sind, in einer Box oder einem Hundekorb zu schlafen, ist es übrigens besonders einfach, das Auto mit Ruhe zu assoziieren. Man stellt die Box oder den Korb dann einfach ein paarmal ins Auto und lässt den Hund dort schlafen. Erst bei geöffneter Klappe, dann bei geschlossener. Und nach ein paar Tagen fährt man dann irgendwann einmal einfach los …

Verzweifeln Sie nicht, wenn die erste Fahrt zum Jaulkonzert wird, obwohl Sie alles richtig gemacht haben. Auch hier ist wieder eine große Portion Geduld gefragt.

Ein- und Aussteigen

Die meisten Welpen sind einfach noch zu klein, um selbst ins Auto zu steigen und benötigen daher auch dazu Ihre Unterstützung. Wenn Sie den Vierbeiner jedoch einfach reinheben, ist er womöglich verunsichert, weil er plötzlich an einem ganz anderen Ort ist. Daher stellen Sie lieber die Vorderpfoten des Hundes auf den Rand der Ladefläche beziehungsweise auf der Rückbank

Beim Aussteigen gibt man wieder Hilfestellung, dann hat der Welpe das Gefühl, es selbstständig zu schaffen.

und schieben Sie ihn dann von hinten hoch. So spürt der Welpe, dass sich der Ort verändert, und hat das Gefühl, selbst einzusteigen. Größere und lebhafte Welpen können zwar vielleicht schon selbst ins Auto hüpfen. Sie brauchen dazu aber ein Signal, um zu verstehen, dass sie es tun sollen. Sie können dem Welpen dazu mit der Hand ein Zeichen geben oder ihn mit einem Spielzeug oder Leckerli in den Wagen locken, indem sie dieses gut sichtbar vor ihm mit der Hand ins Auto lenken. Bleiben Sie auch dabei ruhig, sonst steigern Sie ungewollt seine Aufregung, und er tut sich schwer, wieder ruhig zu werden. Sobald sich der Welpe gut mit der Leine führen lässt, können Sie ihn auch anleinen und mit der Leine die Richtung angeben, in die es gehen soll. Ach ja: Wenn Sie möchten, können Sie zu all dem noch ein akustisches Kommando kombinieren, wie zum Beispiel »Hopp!« oder »Rein mit dir!«

Mit einem Brustgeschirr ist der Hund gut gesichert, egal ob er auf der Rückbank oder im Gepäckraum mitfährt.

Ist der Welpe im Auto, sichern Sie ihn zu seiner und Ihrer eigenen Sicherheit mithilfe eines Brustgeschirrs – aber so, dass er trotzdem noch gemütlich sitzen, liegen und aufstehen kann.

Das Aussteigen sollte genauso ruhig kontrolliert vonstattengehen wie das Einsteigen. Wenn Sie ein kleines Kind an Bord hätten, würden Sie auch nicht einfach die Tür aufmachen und es allein rausklettern lassen. Zumindest nicht im Straßenverkehr. Aber Hunden kann man nicht erklären, dass es mal gefährlich ist, wenn Sie einfach raushüpfen, mal nicht. Daher sollte man einfach konsequent die Aussteigeregeln beachten.

So geht es: Wenn Sie die Fahrt hinter sich gebracht haben, steigen Sie aus, schnaufen kurz durch, strecken sich vielleicht – kurzum machen alles Nötige, um erst einmal selbst wieder in den Gelassenheitsmodus zu schalten. Dann gehen Sie nach hinten und öffnen die Tür oder Klappe einen Spalt weit.

Will der Welpe sofort rausspringen, stellen Sie sich vor ihn oder halten ihn mit der Hand zurück (das geht auch, wenn er in einer Box sitzt). Dazu können Sie zum Beispiel gut dasselbe Handzeichen verwenden, das Sie auch sonst benutzen, wenn er etwas nicht nehmen soll oder wenn Sie möchten, dass er stehen

bleibt (siehe auch Seite 129). Warten Sie, bis sich der Welpe beruhigt hat und sich erneut hinsetzt oder -legt. Hier ist abermals viel Geduld gefragt, bis er nicht mehr drängelt und nicht mehr aussteigen will.
Sie können ihm dabei helfen, sich zu beruhigen, indem Sie sich wie beim Einsteigen kurz zu ihm setzen, und ihm einfach die Hand auf den Rücken legen. Das entspannt übrigens auch Sie. Denken Sie an den Gelassenheitsmodus. Erst wenn der Welpe ganz ruhig ist, lösen Sie das Sicherheitsgeschirr, und er darf aussteigen. Geben Sie dazu ein Zeichen mit der Hand oder signalisieren Sie ihm mit der Leine, wohin es geht, indem Sie diese in die Richtung lenken, in der er aussteigen soll. Wenn er ganz klein ist und sich nicht recht traut, stellen Sie seine Vorderpfoten wieder auf die Kante und schieben ganz sacht von hinten. Wenn er dann herausspringt, sichern Sie ihn mit den Händen leicht ab, damit er sich bei der Landung nicht wehtut.

MIR IST SCHLECHT!

Gegen Übelkeit hilft, noch vor dem Füttern zu fahren, im Anschluss an einen ausgiebigen disziplinierten (!) Spaziergang. Dann ist der Welpe schon etwas müde und hat generell weniger Probleme. Manchen Welpen wird aber auch schlecht, wenn sie zu viel von der Umgebung sehen. So einem Hund helfen Sie, indem Sie auf der Rückbank oder im Gepäckraum eine Art Höhle bauen. Auch gut: Der Welpe fährt in einer Transportbox. Allerdings müssen Sie ihn dazu erst einmal »an Land« an die Box gewöhnen. Das Autofahren kommt dann als nächster Schritt.

Magenempfindlichen Welpen sollten Sie anfangs nicht zu viel zumuten. Was eigentlich generell gilt, ist gerade für sie wichtig: Übertreiben Sie es nicht. Starten Sie mit kurzen Stecken und erhöhen Sie die Fahrzeit nach und nach. Am ersten Tag kurven Sie nur einmal um den Block, am zweiten die nächste Hauptstraße rauf und runter, am dritten zum Supermarkt im Nachbarviertel …

Sitz

Ich finde es wichtig, dass sich jeder Hund auf Kommando hinsetzen und hinlegen kann. Nicht nur weil das zu den guten Umgangsformen gehört, sondern auch weil ihm beide Positionen helfen, in einer Stresssituation schneller ruhig zu werden – für mich ist das sogar das weitaus wichtigere Argument.
Wie eigentlich alles, muss man »Sitz!« und »Platz!« von klein auf einüben. Allerdings ist beides nicht besonders aufwendig, da man es eigentlich automatisch in anderen Situationen ganz unbewusst mit übt. Zum Beispiel jedes Mal beim Füttern: Wenn Sie den gefüllten Napf in den Händen halten, schaut Ihr Welpe instinktiv zu Ihnen nach oben – und dabei senkt sich sein Hinterteil zum Boden. Genau in dem Moment – also nicht wenn er noch steht und auch nicht, wenn er schon sitzt, sondern in der Abwärtsbewegung – sagen Sie: »Sitz!«.
Nächste Gelegenheit zum Üben: das Anleinen. Nehmen Sie die Leine und sagen Sie: »Sitz!« oder machen ein entsprechendes Handzeichen. Falls er Kommando und Bewegung noch nicht miteinander verknüpft

hat und nicht reagiert, drücken Sie seinen Hintern sanft nach unten. Einfach das Kommando zu wiederholen bringt nichts, er hat offensichtlich noch nicht verstanden, was das Signal bedeutet. Auch später sollten Sie Kommandos aber nicht öfter als ein-, zweimal wiederholen. Sonst hört sich Ihr Hund schnell daran satt. Steht der Welpe einfach wieder auf, legen Sie ihm nochmals die Hand auf – diesmal ohne Worte. Und wenn es sein muss noch mal … bis er wirklich sitzen bleibt. Dann leinen Sie ihn an.

Soll der Welpe liegen bleiben, kann man ihm das gut kommunizieren, indem man die Hand auf seinen Rücken legt.

Dritte Gelegenheit: beim Spazierengehen. Jedes Mal, wenn Sie warten müssen – an der Ampel, vor dem Geldautomat, am Bahnübergang – lassen Sie den Welpen Sitz machen. Und auch wenn es so lang dauert, dass Sie die Grünphase verpassen: den Po noch halb in der Luft schweben zu lassen, gilt nicht. Dafür wird dann auch ausgiebig gelobt, wenn es klappt. Aber schön ruhig, sonst steht er gleich wieder auf.

Wenn er irgendwann kapiert hat, dass »Sitz!« (oder Ihr Zeichen) »Po runter« bedeutet, bauen Sie die Übung aus. Er soll nun lernen , länger sitzen zu bleiben. Auch das geht nicht von heute auf morgen. Statt ihn gleich vor dem Supermarkt anzubinden, ist es daher besser, ihn erst mal in den gewohnten Situationen einfach länger sitzen zu lassen. Also zum Beispiel am Kiosk so lange seinen Po immer wieder sanft nach unten zu schieben, bis Sie gezahlt haben.

Platz

Ein Hund legt sich normalerweise nur hin, wenn er ganz entspannt ist. Es ist also auch ein Zeichen, dass alles richtig läuft, wenn sich Ihr Welpe oft hinlegt. Es geht ihm dann gut. Legt sich der Welpe auf Ihr Kommando hin, bringt er Ihnen damit auch ein Stück weit Vertrauen entgegen. Weil er weiß, dass Sie für seine Sicherheit sorgen, kann er sich entspannen. Toll! Und wichtig, denn es wird immer wieder Situationen geben, in denen sich der Hund ruhig verhalten muss, auch wenn er das von sich aus nicht unbedingt tun würde. Zum Beispiel beim Tierarzt.

Bei Welpen reicht es manchmal, ihnen die Hand auf den Rücken zu legen und schon gehen sie zu Boden. Wenn das bei Ihrem Hund nicht ausreicht, lassen Sie ihn Sitz machen und setzen sich dann neben ihn. Führen Sie mit einer Hand ein Stück Käse , Schinken oder ein kleines Leckerli langsam vor ihm zum Boden und dort immer weiter nach vorn. Ich verspreche Ihnen: Seine Nase wird Ihrer Hand automatisch folgen und seine Beine werden ebenfalls nach vorn rutschen. Notfalls können Sie mit der anderen Hand am Rücken wieder sanft nachhelfen. Wie beim »Sitz!« sagen Sie im Moment der Bewegung »Platz!« oder geben ein anderes individuelles Zeichen.

Lassen Sie ruhig die Hand auf seinem Rücken liegen, wenn er dann entspannt daliegt. Welpen lieben Körperkontakt (erwachsene Hunde übrigens auch). Sie können sich gern sogar dazulegen und mit Ihrem Vierbeiner kuscheln. Nur nicht zu wild, sonst springt er gleich wieder auf. Je angenehmer er es findet, bei Ihnen zu liegen, je sicherer er sich dabei fühlt und je besser er entspannen kann, desto lieber wird er diese Position auch in Zukunft einnehmen. Versprochen!

Die Hand als »Stoppschild« signalisiert dem Welpen sehr deutlich, dass er gerade nicht weiterlaufen darf.

Stehen bleiben

Es gibt Situationen, in denen Ihr Hund auf Befehl sofort stehen bleiben muss. Zum Beispiel, wenn er im Spiel irgendjemandem oder irgendetwas hinterherläuft und gerade ein Auto um die Ecke biegt.

Ein Welpe orientiert sich stark an seinem Menschen. Er wird daher fast immer stehen bleiben, wenn Sie es tun. Geben Sie daher einfach bei jedem Halt ein Zeichen mit der flachen Hand: »Stopp, du wartest«. Sie können dazu (!) gern auch noch ein Kommando wie »Steh!«, »Stopp!« oder »Halt!« einführen. Versteht er Sie und bleibt stehen, warten Sie einen kurzen Moment ab und gehen dann zusammen ruhig weiter. Und wenn er zwischendurch einmal begriffsstutzig ist, versperren Sie ihm den Weg und setzen Ihre Hand noch bewusster ein.

Machen Sie es immer so, wird schon bald das Handzeichen allein genügen, damit Ihr Welpe stehen bleibt. Vielleicht wird er anfangs nicht allzu lang warten, ehe er von sich aus wieder weiterlaufen will. Sie müssen daher sicher mehrmals das Signal geben – bis er versteht, dass er erst weiterkann, wenn Sie es sagen. Aber das wird er recht schnell lernen.

Für manchen ist schon eine ganz normale Treppe eine Herausforderung. Aber mit Motivation klappt alles.

Spazierengehen für Fortgeschrittene

Gassigehen ist für Ihren Welpen von Anfang an ein wichtiger Teil des strukturierten Tages, wenn nicht sogar der wichtigste. Allerdings nur dann, wenn Sie es nach meinen Regeln gestalten, sodass sich »diszipliniertes« Laufen mit Pausen abwechseln (siehe ab Seite 75). Dieser Rhythmus ist die grundlegende Basis des Spaziergangs, Sie behalten ihn daher das ganze Hundeleben lang bei.
Was sich ändert ist nur die Dauer, die Sie in den kommenden Wochen und Monaten sukzessive ausbauen. Ihr Welpe entwickelt sich schnell, daher müssen auch seine Aufgaben zunehmen, damit er ausgeglichen ist und es ihm gut geht. Und sich beim Spazierengehen auf Sie zu konzentrieren und Ihnen gut zu folgen, ist genau die richtige Aufgabe für ihn. Beim Spazierengehen hat der Welpe außerdem Gelegenheit, Neues (kennen)zu lernen und mögliche Unsicherheiten zu überwinden – wieder einmal ganz nebenbei. Ein kleiner positiver Nebeneffekt: Er hat keine Möglichkeit, irgendetwas vom Boden zu nehmen.

HÜRDEN NEHMEN

Nicht immer werden Sie nur dort mit dem Welpen spazieren gehen, wo ihn nichts davon ablenkt, sich voll und ganz auf Sie zu konzentrieren und Ihnen bedenkenlos zu folgen. Es wird auch Situationen geben, in denen Ihr Hund verunsichert ist oder sich sogar richtig fürchtet – und daher erst mal nicht weitergehen mag. Vermutlich gibt es solche Situationen am Anfang sogar täglich.

Das kann ein bestimmter Bodenbelag sein, wie zum Beispiel regennasse, spiegelglatte Fliesen. Eine Brücke, durch deren Boden man nach unten sehen kann. Eine enge Furt zwischen zwei parkenden Autos. Oder auch eine ganz »normale« Treppe.

Vor allem das Treppab-Steigen bereitet vielen Welpen zunächst Schwierigkeiten. Es verunsichert sie deutlich mehr als der Weg hinauf. Hier nützt es nichts, auf den Hund einzureden (das könnte die Verunsicherung eher noch verstärken) oder ihn zu ziehen (dann würde er sich nur noch mehr dagegenstemmen). Üben Sie lieber, wenn Sie merken, dass Ihr Welpe unsicher ist, solche Sachen ganz gezielt. Nur durch stetes Wiederholen und die immer wiederkehrende Erfahrung, dass Sie zuverlässig an seiner Seite stehen, kann er seine »Schwäche« überwinden.

Aus demselben Grund sollten Sie auch um unübersichtliche oder stark lärmende Ecken keinen Bogen machen, sondern ruhig auch gezielt genau dort entlanggehen. Wenn Sie zum Beispiel um jede Baustelle einen weiten Bogen machen, kommt das bei Ihrem Welpen leicht so an, als würden Sie selbst diese »Gefahrenzone« meiden. Kein Wunder, dass sie ihm so noch weniger geheuer ist.

Besser: Nehmen Sie ihn auch hier an die kurze, aber lockere Leine oder motivieren Sie ihn mit einem Spielzeug und geben Sie damit die Richtung vor. Passieren Sie die »Gefahrenzone« unaufgeregt und halten Sie auch nicht an, wenn Sie vorbei sind. Ihre Sicherheit und das Gefühl, sich auf Sie verlassen zu können, ist für den Hund Belohnung genug. Sie müssen ihn nicht noch extra für seine Leistung loben. Das würde ihn vermutlich in dieser Situation ohnehin nur aufregen. Wenn Sie es trotzdem tun wollen: Bitte mit der entsprechenden Ruhe.

Der ganze Aufwand lohnt sich übrigens auch noch aus einem anderen Grund: Wenn Sie zum Beispiel einer Baustelle immer ausweichen, wird Ihr Hund auch dann nicht gern dort entlanggehen, wenn die Absperrungen, Geräte und Menschen schon längst wieder verschwunden sind. Überlegen Sie also gut,

AN-DER-LEINE-ZIEHEN

Ist die Leine zu lang, verliert der Welpe schnell die Orientierung und weiß nicht, wo er laufen soll. Er geht dann schnell mal nach vorn und zieht (deshalb mag ich Flexileinen auch nicht besonders). Um das zu verhindern, nehmen Sie die Leine lieber kurz (aber noch locker). Damit sie mit der Zeit nicht wieder immer länger und länger wird, machen Sie einfach an der passenden Stelle einen Knoten. Dann kann die Hand nicht unbemerkt nach hinten rutschen. Bei größeren Welpen können Sie die Leine, wenn sie ausreichend lang ist, auch wie eine Tasche schräg über der Schulter tragen. Das hat gleich noch den Vorteil, dass Sie beide Hände frei haben, um den Hund bei Bedarf auszubremsen oder zu lenken.

ob Sie die nächsten Jahre immer einen Umweg machen wollen oder nicht lieber jetzt konsequent üben, damit Ihr Hund mehr Selbstvertrauen gewinnt.
Nur noch mal zur Erinnerung: Wie immer ist bei all solchen Hindernissen das Wichtigste, dass Sie sich selbst nicht von der Nervosität Ihres Welpens anstecken lassen. Sonst schaukeln Sie sich gegenseitig immer höher. Vergessen Sie nicht, dass Sie dem Welpen gegenüber Vorbildcharakter haben. Stellen Sie sich einfach vor, er wäre bei seiner Hundefamilie. Dann würde er sich vermutlich auch nicht besonders sicher fühlen, wenn alle um ihn herum nervös und angespannt wären.

HUNDEBEGEGNUNGEN

Welpen sind mal mehr, mal weniger neugierig. Das ist Typsache. Aber alle sind sie neugierig. Und deshalb würden sie am liebsten auch an jedem Hund schnüffeln, dem sie begegnen. Oder noch besser: mit ihm spielen. Das geht aber nicht immer. Vielleicht mag der andere Vierbeiner es nicht. Vielleicht haben Sie gerade keine Zeit. Vielleicht muss auch der andere Hundehalter weiter …
Die gute Nachricht: In dem Moment, in dem Sie den Welpen führen, zeigen Sie ihm, wie es geht. Und wenn Sie das von Anfang an machen, lernt er schnell, wie der Hase läuft. Führen heißt auch in diesem Fall nicht, dass Sie jeder Begegnung möglichst von vornherein aus dem Weg gehen und schon die Straßenseite wechseln, wenn Sie nur von Weitem einen anderen Vierbeiner sehen. Ihr Welpe würde Ihr Verhalten ziemlich bald als ein »Vorsicht, da lauert Gefahr!« interpretieren, und seine freundliche Neugier könnte sich in Angst oder Aggression wandeln. Angriff ist schließlich die beste Verteidigung. Ich kann mir nicht vorstellen, dass Sie möchten, dass Ihr Welpe das lernt. Er soll lernen, dass beim Spazierengehen zwar jederzeit ein anderer Hund auf ihn zukommen kann, er sich deshalb aber nicht aufregen muss, sondern ruhig bleiben soll – und darf.

Zwei Hunde an der Leine

Beim disziplinierten Gassigehen tragen Sie die Verantwortung. Deshalb sind es auch Sie, der bestimmt, was passiert, wenn Sie einem anderen Hund begegnen. Wenn Sie nicht anhalten wollen, gehen Sie daher einfach ohne zu zögern an den anderen vorbei – weiter in Ihre Richtung. Am besten haben Sie aufgepasst und Ihren Welpen schon lang, bevor er den anderen Hund überhaupt bemerkt hat, vorsorglich an Ihre andere Seite genommen. Damit schaffen Sie noch mehr Distanz zwischen den beiden Hunden, und das macht es ihm leichter.
Natürlich spricht auch nichts dagegen, einmal anzuhalten. Vorausgesetzt, dass Sie (!) es wollen. Sie können die Hunde dann »einladen« sich zu »unterhalten« – so lange bis Sie (!) wieder weiterwollen.
Soll Ihr Welpe keinen Kontakt aufnehmen, obwohl Sie stehen bleiben, zum Beispiel weil der andere Hund verletzt oder schon sehr alt ist, platzieren Sie sich einfach zwischen den beiden und halten sie so auf Abstand. Versucht der Jungspund es trotzdem, stellen Sie ein Bein nach vorn und/oder schieben ihn mit der Hand sanft zurück, wenn nötig auch mehrmals. Er soll akzeptieren, dass er

Welpen müssen lernen, sich anderen Hunden gegenüber respektvoll zu benehmen. Dann kommen alle klar.

nirgendwo hindarf, wenn Sie es nicht wollen. Und wenn Sie sich so eindeutig verhalten, akzeptiert er es recht bald.

Ein fremder Hund kommt angerannt

Wenn Sie mit Ihrem Welpen unterwegs sind, kann es jedoch auch immer wieder mal passieren, dass ein anderer freilaufender Hund stürmisch auf Sie zurennt. Egal ob Ihnen das gefällt oder nicht. Was macht man in so einem Fall? Den unbekannten Hund einfach wegdrängen? Gefährlich! Den eigenen Welpen hochreißen und auf den Arm nehmen? Auch nicht ideal. Was können Sie also tun? Ich sag es Ihnen: Bleiben Sie ruhig und befürchten Sie nicht gleich das Schlimmste. Je gelassener Sie und Ihr Welpe mit der Situation umgehen, desto besser werden Sie sie überstehen. Glücklich überstehen.

Weil Ihr Hund noch jung ist, besteht eigentlich keine Gefahr. Es gibt aber trotzdem immer wieder Situationen, in denen Welpen von älteren Hunden gemaßregelt und dabei auch gebissen werden. Etwa wenn der Welpe angeleint ist und merkt, dass sein Mensch nicht die Verantwortung trägt. Er verhält sich dann nicht so, wie es seinem Alter entsprechen würde, macht sich größer als er ist und wird so für den freilaufenden Hund vielleicht zu einer Bedrohung.

Um das zu vermeiden, lassen Sie die Leine locker und achten darauf, dass Ihr Welpe sich von dem anderen Hund beschnuppern lässt und sich ihm gegenüber respektvoll verhält. Genauso mache ich es mit meinen Welpen, und genau deshalb habe ich später auch keine Probleme mit Hundebegegnungen. Egal wie impulsiv der andere daherkommt.

Auf der Hundewiese

Ebenfalls ein bisschen anders wird es ablaufen, wenn Ihr Welpe in der Freipause einem Artgenossen begegnet. Denn dann ist er ja nicht unbedingt direkt bei Ihnen – und unter Umständen auch von der Leine los. Ich würde Ihnen aber auch nicht raten, gleich auf eine Hundewiese zu gehen. Wie der geeignete Platz für die Pause in meinen Augen aussieht, habe ich auf Seite 78–79 schon gesagt. Ich weiß, dass viele Hundehalter denken, es gäbe für ihren Vierbeiner nichts Größeres, als mit seinesgleichen herumzutoben. Das kann man aber so pauschal nicht sagen. Natürlich ist es schön, mit anderen Hunden zu spielen. Aber noch viel lieber ist Ihr Welpe bei Ihnen. Sie sind viel wichtiger für ihn. Daher würde ich zumindest am Anfang ein »einsames« Plätzchen bevorzugen und lieber selbst mit ihm spielen. Vergessen Sie dabei nie, dass die Freipause den Hund nicht auslasten soll. Er würde sich nämlich allenfalls körperlich auszutoben, nicht geistig. Für die (Kopf)Arbeit ist der Teil des Spaziergangs da, in dem er neben ihn herläuft. Die Pause ist da, um selbstständig gefahrlos ein bisschen

RÜCKRUF

Einer der größten Fehler, den man als Welpenbesitzer machen kann, ist anzunehmen, dass der kleine Hund bestimmte Dinge einfach von sich aus versteht. Zum Beispiel, dass er zu Ihnen kommen soll, wenn Sie ihn rufen. Das ist aber leider nicht so. Sie müssen ihm erst beibringen, dass ein Kommando wie »Komm!« oder »Hierher!« das Signal dafür ist. Und das geht nur durch stetes Wiederholen.
Legen Sie, zum Beispiel in der Freipause beim Gassigehen, für sich ein imaginäres Territorium fest, dessen Grenzen Ihr Welpe nicht überschreiten soll. Solange er darin herumwuselt, ist alles in Ordnung. Weiter darf er nicht. Das bedeutet für Sie: Sobald er die Grenze übertritt, müssen Sie sich so interessant machen, dass er lieber wieder zu Ihnen will. Sie können dazu herumhüpfen, in die Knie gehen, einen Ast hochhalten, ein bisschen in die entgegengesetzte Richtung laufen ... Worauf Ihr Welpe eben anspricht. Das Ganze macht natürlich nur Sinn, wenn der Hund auch gerade zu Ihnen herschaut. Es kommt wie so oft also auch auf den richtigen Augenblick an. Sobald er sich auf den Weg zu Ihnen macht, geben Sie das Kommando. Nicht vorher. Nur so verknüpft er es mit dem, was er gerade macht: dem Zu-Ihnen-Kommen. Wenn er trotz zwei, drei Versuchen nicht reagiert, dürfen Sie es nicht einfach gut sein lassen. Sie müssen dann eben zu ihm hingehen, ihn ruhig an die Leine nehmen und gemeinsam umkehren. Die Pause ist dann beendet, und der Spaziergang geht weiter. Kommt er dagegen von allein, können Sie noch ein bisschen mit ihm spielen oder kuscheln. Wenn noch Zeit ist, kann er sich auch gern noch mal »selbstständig machen« und zu den anderen Hunden zurück.

die Welt zu erkunden, um sich auszuruhen, sein Geschäft zu erledigen … Und natürlich auch, um mit Ihnen zu kommunizieren, denn in der Pause kann man dem Welpen nebenbei einiges beibringen. Zum Beispiel den Rückruf (siehe Kasten Seite 134).
Wenn Sie das Gefühl haben, Ihr Welpe wäre so weit, können Sie die Pause auch mal auf der Hundewiese verbringen. Aber nicht weil Sie selbst zu müde sind, um sich mit ihm zu beschäftigen. Oder gerade keine Lust dazu haben. Sehen Sie den Besuch vielmehr als eine Variante des Spiels. Nicht als Beschäftigungsprogramm zum Auspowern. Und weil die Hundewiese nur eine Möglichkeit ist, die Pause zu verbringen, müssen Sie auch nicht jeden Tag dorthin.
Gerade bei Welpen würde ich vorher auch schauen, welche Menschen sich überhaupt auf der Wiese treffen. Passen die Hunde zu Ihrem, weil sie etwa gleich alt sind oder genauso aktiv? Halten die Besitzer Kontakt zu ihren Tieren, oder dürfen die machen, was sie wollen? Und wie souverän sind die anderen Hunde? Kommen sie miteinander klar? Ihr Welpe soll schließlich nicht gleich in einen handfesten Streit geraten.
So wie Sie Ihren Welpen zwischendurch immer wieder zu sich rufen, wenn Sie allein sind, würde ich es übrigens auch auf der Hundewiese machen. Rufen Sie ihn zu sich, lassen Sie ihn bei sich hinsetzen oder -legen und kuscheln Sie eine Weile miteinander, bevor Sie ihn wieder zu den anderen Hunden zurückschicken. So kann er sich nicht nur kurz ausruhen, Sie erinnern ihn auch daran, zu wem er gehört. Das gibt ihm Sicherheit und stärkt die Bindung.

Eigentlich gibt es für Hunde nicht Schöneres, als bei uns zu sein. Trotzdem muss man sie manchmal daran erinnern.

Soll der Hund später überall hin mitkommen, muss man ihm von Anfang an zeigen, was ihn erwarten kann.

Schafft er es nicht, sich von allein loszureißen, sollten Sie ihn zu sich holen. Denn auch hier ist der Punkt: Sie bestimmen, wann Schluss ist, nicht er. Und wenn er beim nächsten Spiel auch nicht kommen mag, würde ich ihn holen und gehen. Er braucht dann einfach noch ein bisschen Zeit, um die Herausforderung zu stemmen.

UNTER LEUTEN

Ein Welpe muss lernen, dass es nicht nur Sie gibt, sondern noch andere Menschen. Und dass manchmal auch ganz schön viele davon zusammenkommen können und es dann für ihn eng werden kann. Zum Beispiel in der Fußgängerzone oder in einem Café.
Ich sage immer: Jeder, der in der Stadt lebt, wird mit seinem Welpen auch mal raus in die Natur fahren. Und genauso sollte eben auch ein Landhund ab und zu einen »Städtetrip« machen dürfen. Selbst wenn Sie irgendwo wohnen, wo sich Fuchs und Hase »Gute Nacht« sagen, würde ich daher empfehlen, den Welpen von Anfang an zum Beispiel auf den Wochenmarkt mitzunehmen. Denken Sie nicht, Sie müssten ihn schützen. Zeigen Sie ihm die Welt – und dass sich diese auch ändern kann. Schließlich wollen Sie, dass Ihr Hund Sie später überallhin begleitet, oder? Aus demselben Grund würde ich auch regelmäßig mit dem Welpen Bus und U-Bahn fahren. Das mache ich selbst auch, obwohl ich mit meinen Hunden fast nur mit dem Auto unterwegs bin, weil ich immer noch so viele Dinge dabeihabe. Mit einigen übe ich sogar das Fliegen, sonst könnte ich sie später nicht zu meinen Kunden mitnehmen. Zumindest nicht zu denen, die nicht wie ich auf Mallorca leben.
Um sich bei all dem wohlzufühlen, muss Ihr Welpe in gewissem Rahmen lernen, dass es leider auch Menschen gibt, die ihn schubsen, ihm auf die Pfoten treten, falsch anfassen … Und er muss lernen, dass er sich nicht genauso schlecht benehmen muss, bloß weil diese Menschen respektlos mit ihm umgehen. Er muss in solchen Situationen eine gewisse Souveränität entwickeln. Und die kommt leider nicht von allein. Wenn Ihr Welpe daher auf irgendetwas mit Aufregung und Unruhe reagiert, sollten Sie ihn sofort beruhigen. Indem Sie ihm Ruhe schenken. Also nicht auf ihn einreden, ihn streicheln oder sogar hochheben. Sondern ihn sich setzen lassen, ihn Blickkontakt mit Ihnen aufnehmen lassen, ihm zeigen, dass Sie selbst auch

ruhig bleiben. Sie haben alles im Griff, er muss sich nicht aufregen. Auch wenn es ungewohnt ist. Und auch nicht, wenn etwas mal unangenehm ist.
Betrachten Sie das Ganze als eine besondere Form des disziplinierten Spaziergangs und belohnen Sie den Welpen danach mit einer Extrarunde Spielen oder Kuscheln.

Im Café

Wollen Sie mit Ihrem Welpen das Im-Café-Sitzen üben, empfehle ich Ihnen, vorher wie gewohnt spazieren zu gehen, damit er ein bisschen müde ist. Außerdem weiß er dann instinktiv, dass er danach nicht mehr arbeiten muss, sondern ausruhen darf.
Im Café suchen Sie einen etwas abseits gelegenen Platz, denn dort fällt es ihm leichter, sich wohlzufühlen. Lassen Sie ihn sich dort hinsetzen oder noch besser hinlegen. Halten Sie die Leine dabei eher kurz, gerade noch so locker, dass er bequem unter oder neben Ihrem Tisch liegen kann.
Wenn er aufsteht, etwa weil die Bedienung zu Ihnen an den Tisch kommt, eine Taube herbeiflattert oder er einen anderen Hund sieht, bringen Sie ihn wieder zur Ruhe. So lang und so oft, bis er sich wieder hinlegt und auch entspannt liegen bleibt.
Ich gebe zu, das wird die ersten paarmal für Sie selbst eher Arbeit als Entspannung sein. Vermutlich wird auch manche Tasse Kaffee kalt werden, während Sie Ihren Welpen beruhigen. Nehmen Sie es locker, denn es lohnt sich. Wenn Sie konsequent bleiben, können Sie dafür nämlich viele Jahre lang ganz entspannt Ihren Kaffee trinken und sich über Ihren braven Hund freuen.

SPAZIERGANG OHNE LEINE

Wenn Ihr Welpe in ein paar Monaten sicher und ruhig an der Leine läuft und auch Sie selbst sich sicher genug dazu fühlen, können Sie die Leine beim Gassigehen ab und zu mal weglassen und den Spaziergang ohne Leine üben. Schließlich gelten auch beim Freilauf die Regeln des disziplinierten Spaziergangs. Das heißt, der Hund muss bis auf die Pausen immer bei Ihnen bleiben und darf sich nicht selbstständig machen – was in Ermangelung einer Leine natürlich viel verführerischer und auch leichter für ihn ist.
Üben heißt es aber auch für Sie. Denn Freilauf bedeutet, dass Sie besonders konsequent sein und extra viel Souveränität ausstrahlen müssen, um Ihren Welpen auch ohne Leine zu »führen«. Wenn Sie das Gefühl haben, dass Sie dies (noch) überfordert, würde ich einfach abwarten.
Sie brauchen sich deswegen nicht schlecht fühlen. Ihr Hund fühlt sich nicht weniger wohl, nur weil er an der Leine läuft. Er findet die Leine gut, wenn Sie sie gut finden. Er ist auch nicht frei, bloß weil er frei läuft. Er ist frei, wenn er frei im Kopf sein kann. Und das kann er nur, wenn Sie ihn anführen und er nichts tun muss, als Ihnen zu folgen. Dann geht es ihm gut. Und ist das nicht genau das, was sich jeder Hundehalter wünscht?

> *»Man führt einen Hund nicht mit der Leine, sondern mit dem Herzen.«*

EIN HALBES JAHR: DAS LERNEN ZEIGT ERFOLG

In den vergangenen sechs Monaten sind die Doggen so sehr gewachsen, dass man sie kaum mehr Welpen nennen mag. Aber sie sind natürlich noch immer junge Hunde, weswegen es auch mit dem Lernen noch lange nicht vorbei ist..

Gemeinsam draußen irgendetwas Neues zu entdecken ist für uns alle das Größte.

Sechs Monate sind vergangen, seit meine Welpen das Licht der Welt erblickt hatten, und in den vergangenen Monaten waren sie so enorm gewachsen, dass viele Leute gar nicht mehr erkannt haben, dass es noch Welpen waren. Waren sie aber! Bei Doggen dauert es zwei Jahre und länger, bis sie geistig und körperlich ganz ausgewachsen sind. Und bis dahin mussten sie noch sehr viel lernen.

ERZIEHUNG KANN NICHT WARTEN

Trotzdem sah man schon damals, welche Beziehung sie zu mir hatten. Es hat zwar noch nicht alles wie aus dem Effeff geklappt, aber das ist normal. Hunde brauchen Menschen, die die Verantwortung tragen, sie lieben und erziehen und ihnen zeigen, wie was funktioniert. Jetzt zeigt sich, was man in den ersten sechs Monaten vielleicht versäumt hat – aber auch, wie viel man schon richtig gemacht hat. Und man darf nicht vergessen: Es sind junge Hunde, die auch mal Quatsch machen dürfen. Und deren Bedürfnisse sich ändern. Sie wollen mehr machen und aktiver werden, sodass die kleinen Spaziergänge irgendwann nicht mehr ausreichen. Natürlich haben sich auch meine Welpen manchmal nicht so verhalten, wie ich es mir gewünscht habe. Ich habe das aber immer als Gelegenheit gesehen, mich selbst zu hinterfragen: Sind sie im Moment vielleicht nicht ausgelastet, weil ich mich nicht genug an unsere Struktur gehalten habe? Oder habe ich mich nicht eindeutig verhalten? War meine (Körper-)Sprache

Die Doggen am liebsten immer in meiner Nähe. Das gibt mir das Gefühl, alles richtig zu machen.

ganz klar? Wie kann ich ihnen noch deutlicher und artgerechter zeigen, was ich erwarte und was mir nicht passt.

LERNEN FÜRS LEBEN

Nachdem sich meine Welpen so gut entwickelt hatten, fiel es ihnen nicht schwer, sich in mein Hunderudel zu integrieren, und sie kamen mit jedem klar. Auch wenn die Geschwister mal nicht dabei waren. Geholfen hat mir dabei auch, dass sie von Anfang an andere Hunde kennengelernt haben, die zu mir zur Therapie kamen.
Ich habe diese Zeit geliebt! Ich konnte weiter an den Dingen arbeiten, die mir wichtig sind und gleichzeitig genießen, was meine Doggen schon alles konnten. Sie konnten entspannt allein bleiben, gut an der Leine gehen, es gab keinen Streit ums Fressen ... Und das mit nur sechs Monaten – einem Alter, in dem unerfahrene Hundehalter oft erst mit der Erziehung beginnen. Und sich dann wundern, warum es so schwer ist. Es wäre so viel einfacher, wenn sie sich von Anfang richtig verhalten würden.
Ohne unsere Struktur aus den Augen zu verlieren und so das zu festigen, was sie bisher gelernt hatten, versuchte ich weiter, die spezifischen Bedürfnisse jeden Tieres zu stillen und sie gezielt zu fördern. Davon profitieren wir bis heute, wir haben nach wie vor eine ganz besonders enge Beziehung zueinander. Sicher, vieles läuft mittlerweile ganz automatisch. Trotzdem gibt es immer wieder einmal Situationen, mit denen ich noch nicht hundertprozentig zufrieden bin. Ich muss dann erkennen, dass ich die Verantwortung trage und gehe in Gedanken zurück in die Zeit, als meine Riesen Welpen waren. Und zeige es ihnen noch mal ganz neu.

Kein Drängeln, kein Schubsen, jeder frisst seine Portion. Genau so habe ich es ihnen beigebracht.

Register

Bücher und Adressen, die weiterhelfen

BÜCHER AUS DEM GRÄFE UND UNZER VERLAG

Böhm-Reithmeier, Inga/von der Leyen, Katharina: **Leinen los!**

Hegewald-Kawich, Horst: **Hunderassen von A-Z. Über 200 beliebte Rassen aus aller Welt.**

Lindner, Ronald: **Was Hunde wirklich wollen.**

Ruge, Nina/Bloch, Günther: **Was fühlt mein Hund? Was denkt mein Hund?**

Schlegl-Kofler, Katharina: **Hundesprache. Damit wir uns richtig verstehen.**
Schlegl-Kofler, Katharina: **Trickkiste Hundeerziehung.**

Wolf, Kirsten/Mack, Anja: **Hundeerziehung in der Stadt.**

ZEITSCHRIFTEN

Dogs. Gruner + Jahr, Hamburg, www.dogs.de

Partner Hund. Ein Herz für Tiere Media GmbH, Ismaning, www.partner-hund.de

ADRESSEN

Verband für das Deutsche Hundewesen e. V. (VDH)
Westfalendamm 174
44141 Dortmund
www.vdh.de

Österreichischer Kynologenverband (ÖKV)
Siegfried Marcus-Str. 7
A-2362 Biedermannsdorf
www.oekv.at

Schweizerische Kynologische Gesellschaft (SKG / SCS)
Brunnmattstr. 24
CH-3007 Bern
www.skg.ch

Berufsverband der Hundeerzieher/innen und Verhaltensberater / innen e. V. (BHV)
Auf der Lind 3
65529 Waldems-Esch
www.bhv-net.de

INTERNETADRESSEN

www.jose-arce.com
Internetseite des Autors

www.hallohund.de
Hundemagazin mit verschiedenen Themen rund um die Vierbeiner.

www.hunde.com
Infos rund um den Hund; Diskussionsforum.

„Clever leben:
so einfach geht's!"
Melanie Wenzel
Expertin des „ARD-Buffet",
Autorin, Heilpraktikerin
und nun auch Top-Expertin
der clever leben-Redaktion
Mein bester Ratgeber
Clever leben
mit QUICK-FINDER
NEU! NUR 1,95 €
LIEBLINGS-PASTA
DIE BESTEN TIPPS FÜR:
Jeden-Tag-Küche
Haushalt für Faule
einen schönen Balkon
RÄTSELHAFTE SAMTPFOTEN
Was Ihre Katze sagen will
Raus aus der ZUCKER-FALLE
BESSER ALS JEDE DIÄT
JETZT ERFORSCHT
ARTHROSE SELBST HEILEN
IN KOOPERATION MIT
G|U
NUR BEI UNS
30 TOP-EXPERTEN beantworten Ihre Fragen
Melanie Wenzel: „Meine besten Heilpflanzen-Rezepte"
Johann Lafer: „Das gehört zu einem guten Essen"
MODE & BEAUTY
KOCHEN & BACKEN
FAMILIE & PARTNERSCHAFT
GESUNDHEIT & SEELE
HAUS & GARTEN
KREATIV & DIY
REISE & FREIZEIT
Jetzt neu im Handel!
Clever leben
Viele Tipps & Tricks der G|U-Experten machen das Leben leichter.
Für alle Themen, die uns Frauen bewegen. Clever leben – Mein bester Ratgeber!

Impressum

DIE FOTOGRAFIN

Debra Bardowicks ist schon seit ihrer Kindheit von Tieren fasziniert. Mit ihrem Beruf verbindet sie ihre beiden Leidenschaften: Tiere und Fotografie. Als freie Fotografin reist sie für ihre spannenden Projekte um die Welt. Zahlreiche Bilder von ihr findet man in Zeitschriften und Büchern. Tierfotos von Debra Bardowicks gibt es im Internet unter www.animal-photography.de

DANK DES AUTORS

Ich bedanke mich herzlich für die Unterstützung von Silvia mit ihrem Hund Amigo.

GRÄFE UND UNZER

Ein Unternehmen der
GANSKE VERLAGSGRUPPE

Projektleitung: Maria Hellstern
Mitarbeit am Text und Lektorat: Sylvie Hinderberger
Bildredaktion: Petra Ender
Umschlaggestaltung und Layout: independent Medien Design, Horst Moser, München
Herstellung: Susanne Mühldorfer
Satz: Christopher Hammond
Reproduktion: Longo AG, Bozen
Druck: aprinta, Wemding
Bindung: m.appl, Wemding
Dieses Buch ist auf PEFC-zertifiziertem Papier aus nachhaltiger Waldwirtschaft gedruckt.

ISBN: 978-3-8338-6138-3

1. Auflage 2017

BILDNACHWEIS

Alle Fotos in diesem Buch stammen von **Debra Bardowicks**, mit Ausnahme von: **GettyImages**: 16, 37, 83; **Oliver Giel**: 11, 13, 52, 62, 118; **privat**: 30, 31, 58, 59, 102, 103, 137, 138; **Shutterstock**: 30-31, 58-59, 102-103, 137-138 (Hintergrundbilder); **Stocksy**: 76; **Trio Bildarchiv**: 12, 18, 20, 34, 45, 68, 100, 109, 136.
Icons: **Matias Kovacic**

Syndication:
www.seasons.agency.de

QUALITÄTS G|U GARANTIE

Liebe Leserin, lieber Leser,

haben wir Ihre Erwartungen erfüllt? Sind Sie mit diesem Buch zufrieden? Haben Sie weitere Fragen zu diesem Thema? Wir freuen uns auf Ihre Rückmeldung, auf Lob, Kritik und Anregungen, damit wir für Sie immer besser werden können.

GRÄFE UND UNZER Verlag
Leserservice
Postfach 86 03 13
81630 München
E-Mail:
leserservice@graefe-und-unzer.de

Telefon: 00800 / 72 37 33 33*
Telefax: 00800 / 50 12 05 44*
Mo–Do: 9.00 – 17.00 Uhr
Fr: 9.00 – 16.00 Uhr
(gebührenfrei in D, A, CH)*

Ihr GRÄFE UND UNZER Verlag
Der erste Ratgeberverlag – seit 1722.

WICHTIGE HINWEISE

Die Haltungsregeln in diesem Buch beziehen sich auf gesunde und charakterlich einwandfreie Hunde. Es gibt Hunde, die aufgrund mangelhafter Sozialisierung oder schlechter Erfahrung mit Menschen in ihrem Verhalten auffällig sind und eventuell zum Beißen neigen. Solche Tiere sollten nur von Hundekennern gehalten werden.

www.facebook.com/gu.verlag

»**Welpen lernen** von Geburt an:
erst von ihrer Mutter
und ihren Geschwistern,
dann **von uns Menschen.**«

José Arce